KB126383

불완전한 존재들

불완전한 존재들

IMPERFECTION
A NATURAL HISTORY

결함과 땜질로 탄생한 모든 것들의 자연사

텔모 피에바니 지음 | 김숲 옮김

불완전함을 예술로 승화시켜준

카를로, 잔루이지, 로베르토 그리고 산드로에게

| 일러두기 |

1. 본문 중 주석은 '지은이 주'와 '옮긴이 주'가 있다. '지은이 주'에는 숫자[1), 2), 3)……]를 달았으며 후주 처리했다. '옮긴이 주'에는 별표(*)를 달았고 각주 처리했다.
2. 단행본, 전집, 정기간행물(온라인 포함), 뉴스통신사, 장편 영상, 영상 시리즈물에는 겹낫표(『』)를, 논문이나 논설, 기고문, 기사, 음악, 단편 등에는 홑낫표(「」)를 사용했다.

Contents

추천사

이안 태터솔

미국자연사박물관 인류학부 명예 큐레이터

텔모 피에바니는 대중들이 간과하곤 하는 불완전함의 미덕에 찬사를 보낸다. 이 독특한 찬사는 세상이 불완전하기에 흥미로워졌다고 생각하는 인식뿐 아니라, 불완전함이 없었다면 우리가 그 일부로 살아가는 생물권(Biosphere)이 결코 진화하지 못했을 거라는 날카로운 통찰에서 비롯된다. 그가 우아하게 보여줬듯이, 세계의 역사는 (또 그 세계를 극히 일부분으로 둔 우주의 역사도) 본질적으로 결함의 역사다. 사실 그는 한발 더 나아가 "완벽함, 그 자체는 모순적이다"라고 언급한다. 우리의 생각과 우리를 둘러싼 세상이 (묵시적으로 완벽한) 기술적 '진보'에 강력한 영향을 받을 때 이 독특한 관점은 정말 효과가 좋다. 특히 호모 사피엔스라는 기이한 종의 기원과 천성을 이해하고 연구하는 데 있어서 유용하다.

피에바니는 우주, 생물권 그리고 인류가 어떻게 오늘에 이르게 됐는지 간결하면서도 놀라울 정도로 폭넓게 설명하며, 역사적 우연성이 진화의 측면에서 얼마나 중요한지 강조한다. 진화 과정에서 중요한 새로운 변화가 일어날 때, 그 변화는 새로운 기회를 열어주면서 동시에 다른 기회들을 닫는다. 일단 새로운 길에 접어들면 과거의 선택지는 의미가 없다. 미래에 만들어질 기회는 역사가 우연히 넘겨준 것뿐만 아니라 우리가 어떤 종류의 생물인지와 전혀 무관하게 수많은 외부 영향에 의해 제약을 받는다. 이는 모든 진화의 궤적을 독특하고, 거의 번복할 수 없게 만드는 피할 수 없는 현실이다(원칙적으로도 마찬가지다). 그리고 지구상에 생명체가 등장한 지 거의 40억 년이 지난 후, 두 발로 걷고, 교향곡을 작곡하며, 달로 로켓을 발사하는 생명체가 나타났다. 이 사건 자체도 이미 엄청나게 낮은 확률로 일어난 것이지만, 피에바니는 이러한 등장을 어떤 식으로든 불가피했다거나, 어떤 완벽함을 향한 진보의 일부로 보는 사후가정에 현혹되어서는 안 된다고 경고한다. 어쨌든 일단 과정이 시작되면 그게 어떤 것이든 결과는 나오게 돼 있다. 다만 우리는 놀라워하는 특성을 가진 생명체이며, 그러한 놀라움을 느낄 수 있는 능력이 있다는 이유만으로 현재 일어난 결과에 놀라워하는 것뿐이다.

피에바니는 유전자 작동 원리부터 생태학적 제약에 이르기까지, 다양한 논점들을 살펴보며 주요 진화 사건들을 연대기적으로 영리하게 다룬다. 그러니까 이 책은 어떤 생물군이 아주 오랜 기간에 걸쳐 변화하면서, 최종적으로 (매우 드문 일이긴 하지만) 이성적인 사고를 할 수 있는 이족보행 생명체가 되기까지 벌어진 일들의 연대기적인 기록일 뿐 아니라, 진화 그 자체에 대한 반추다. 진화의 본질을 파악하는 데 있어서 핵심적인 사실은, 진화가 곧 어떤 생명체의 최적화를 의미하는 것은 아니라는 점이다. 최적화는 끊임없이 변하는 환경에서 상대적인 개념일 뿐이다. 따라서 진화의 측면에서 보면, 어떤 상황에서 그럭저럭 적응하며 살아남을 수 있게 됐다는 사실 자체가 더 중요하다. 서로 다른 환경, 서로 다른 결과, 그리고 여기에는 늘 역사적 우연성이 함께했다.

이에 관한 증거는, 과거에는 다양했지만 오늘날 단 한 종만이 살아남은 사람속(*Homo*, 호모속)의 진화를 보면 뚜렷하게 확인할 수 있다. 피에바니는 특히, 지난 200만 년 동안 호모 사피엔스(*Homo sapiens*) 종의 다양성을 크게 확대해준 인류의 뇌에 관심을 보인다. 결국, 가장 중요한 건 뇌의 크기가 아니었다. 호모 사피엔스에 밀려 근래에 멸종된 호미닌(Hominin)* 친척 중에도 뇌의 크기가 우리만큼이나 큰 종이 있었다. 오늘날 지구에 남은 유일한 호미닌이 왜 우리여야 했는지 설명할 수 있는 방법은 이성과 계획에 관한 측면에 뇌가 어떻게 기능

• 인간의 직계 조상과 그들의 가까운 친척들을 포함하는 생물학적 분류 종. 이 종에는 사람속의 모든 종뿐만 아니라 오스트랄로피테쿠스(*Australopitbecus*)와 같은 다른 속의 종들도 포함된다.

했는지 밝혀내는 것이다. 그러나 경쟁이 빈번했던 무대에서 발휘됐던 막대한 영향력에도 오늘날 인류의 뇌는 구조적으로나 기능적으로나 매우 정돈되지 않은 기관이다. 신경과학자 개리 마커스(Gary Marcus)도 뇌를 '클루지(Kluge, 정돈되지 않고 이런저런 임시방편으로 존재하면서도 잘 작동하는 기관)'라 불렀다. 분명히 뇌는 놀라울 만큼 단기간에 다른 모든 호미닌 경쟁자를 제거할 수 있게 해준 호모 사피엔스의 보기 드문 특성이다. 하지만 불완전한 기억, 옳지 못한 결정을 내리는 경향 그리고 정신 나간 편견을 믿는 확증편향을 고려한다면, 진화가 어떤 과정으로 이루어졌든 간에 우리의 뇌가 최적화됐다고 말하는 것은 말도 안 되는 주장이다. 피에바니는 예리한 관찰력으로 인류가 어떻게 세계를 정복할 수 있었는지를 곱씹으며 이렇게 말한다.

"간단히 말해서, 우리의 불완전함이 다른 생명체들의 불완전함보다 조금 더 잘 기능했을 뿐이다."

따라서 이 책은 지구의 생물군과 인류 종의 역사에 관한 평범한 연구 결과는 아니다. 유럽에서 가장 영향력 있는 과학철학자 중 한 명의 펜 끝에서 나온 이 책은, 어떻게 단세포 유기체의 세계가 영겁의 시간에 걸쳐 진화해 오늘날의 믿을 수 없을 만큼 다양하면서도 어마어마한 양의 생물군을 탄생시켰는지, 그리고 어떻게 특정한 원시 종 하나가 다른 생물군 전체를 정복하게 됐는지 보여주는 탐색적인 분석서다. 저자도 인정하는 것처럼, 이런 연구는 완벽한 선언이라기보다 중간보고서다. 또한, 오래된 지식의 매우 흥미로운 산물로서 이 심오한 책은 적어도 우리에게 생각할 거리를 던져주는 역할을 한다. 그리고 어쩌면, 이는 우리가 사는 세계를 바라보는 관점을 바꾸어놓을지도 모를 일이다.

CHAPTER 1

찰나의 균열, 그리고 모든 것이 시작됐다

그럴 수밖에 없다는 사실은 쉽게 증명할 수 있다. 모든 것에는 목적이 있고, 그 목적은 가장 좋은 것일 수밖에 없으므로. 코는 안경을 받치기 위해 만들어졌고, 그 덕분에 안경을 쓸 수 있다. 다리는 바지를 입기 위해 만들어졌고, 그 덕분에 바지를 입을 수 있다. 돌은 성을 짓기 위한 석재로 사용하기 위해 만들어졌고, 그 덕분에 주교께서는 아름다운 성을 가지고 계시며, 지역에서 가장 권위 있는 영주께서도 가장 멋진 집에 거주하고 계신다. 돼지는 식탁 위에 오르기 위해 만들어졌고, 그 덕분에 우리는 일 년 내내 돼지고기를 먹는다. 따라서 모든 것이 잘돼 있다고 주장한 사람들은 어리석은 말을 한 것이다. 모든 것이 최적으로 이뤄져 있다고 말했어야 한다.

볼테르(Voltaire, 1694~1778),
『캉디드 혹은 낙관주의(*Candide ou l'optimisme*)』(1759)*

* 세상을 낙관적으로 바라보는 관점을 비웃고 사회의 불합리함을 고발한 볼테르의 풍자소설이다.

그 시작은 불완전했다. 138억 2천만 년 전, 균열은 이를 목격할 수 있는 이 하나 없는 캄캄한 하늘에서 이미 정해진 질서에 맞서 일어났다. 그 시작은 누구도 느낄 수조차 없을 정도로 옅은 바람이었다. 그 바람으로 아슬아슬하게 유지되던 우주의 평형은 완전히 망가졌다. 그 이후로 도미노처럼 벌어진 소소한 변칙들로 모든 것이 탄생했다.

모든 것이 담긴 비어 있는 공간

끝이 보이지 않을 만큼 거대하거나 눈에 보이지 않을 만큼 작은 것을 주제로 한 요 몇 년 사이의 물리학 연구는 지난 세기의 발견 중 가장 대담한 가설에 도달했다. 그것은 바로 우리의 우주가 완벽하게 비어 있는 공간의 끝없는 변형, 그 이상도 이하도 아니라는 사실이다. 그렇다. 말 그대로 우주는 비어 있었다. 장(場)도 입자도 그 어떤 물질도 없었다는 뜻이다. 그렇다고 모든 것의 시발점이 완벽하게 비어 있던 건 아니다. 오히려 이 공간은 모든 것이었다. 에너지의 평형을 유지하는 모든 것으로 존재했다. 하지만 에너지가 요동치고 있었기에 이 태고의 빈 공간은 멈춰 있지 않았다. 이 빈 공간은 입자(Particle)와 반입자(Antiparticle) 사이의 불규칙한 요동, 대칭적 충돌 그리고 상호 소멸로 가득한 양자적 진공으로 이뤄져 있었다[1]. 전체적으로 완벽하게 에너지 평형을 이루면서도 생기 넘치게 들끓고 있었다. 우주는 모든 것 그리고 그 모든 것(입자)의 반대편(반입자)에 서 있는 것까지 품고 있었다. 이 떨리는 빈 공간은 가능한 모든 결과와 이야기를 끌어내는 태고의 근원이었다. 태고의 근원은 그 자체로 온전하고 완벽했지만 동시에 불안정하기도 했다.

그러고는 어떤 일이 일어났다. 로마의 위대한 시인 루크레티우스(Lucretius, BC 99~BC 55)가 자신의 시집 『사물의 본성에 관하여(*De rerum natural*)』에서 그의 스승 에피쿠로스(Epicurus, BC 341~BC 271)로부터 빌려 쓴 개념 '클리나멘(*Clinamen*, 이탈)'이 다른 흐름을 만들어냈다. 그리스의 초기 원자론자들은 원시 우주를 끊임없이 서로 나란히 떨어지는 완벽하게 규칙적인 입자들의 영원한 비로 상상했다. 그러던 중 이 조화를 깨뜨린 작은 소란으로 원자 한 개의 궤적이 어긋나며 다른 원자를 쳤고, 그 원자가 또 다른 원자를 치면서 연쇄적인 반응이 일어났다. 이 반응은 모든 것이 고정된 듯했던 세계를 깨뜨리고 거대한 불완전함 속으로 우주 역사의 시작을 이끌었다. 그러니까 우주는 우연히 궤도를 벗어난 작은 탈선으로 시작된 것이다. 어쩌면 이와 매우 유사한 일이 다른 형태로 일어났을지도 모른다. 정말 우연히, 원시적 양자진공 속에서 일어났던 무수히 많은 요동 중 하나로. 다른 많은 사건들처럼 시작은 아주 작은 요동 중 하나에서 비롯했을 것이다. 힉스 보손(Higgs boson)과 비슷하지만 관측하기 힘든 입자로 이뤄졌으리라 추정되는 인플라톤(*Inflaton*)*으로 태고의 평형이 무너졌을 수 있다. 그러나 그 후 완벽한 진공으로

* 우주론에서 초기 우주의 급팽창(Inflation, 인플레이션)을 일으킨 가상의 스칼라장(Scalar field)을 이른다.

돌아가지 못했다. 평형상태가 산산이 부서졌으며, 진공의 에너지로 정신없이 팽창하던 인플라톤의 거품이 시공간을 측정할 수조차 없을 만큼 빠른 속도로 터졌다[2].

흐름을 거스르는 인플라톤으로 탄생한 태초의 불완전함은 모든 것의 역사로 우리를 안내했다. 다만 수십억분의 1초 동안 일어난 사건이므로 역사라는 단어가 적합한지는 생각해봐야 한다. 이 감지할 수 없는 찰나의 순간이 지나고, 인플라톤은 더욱 강력해져 그 힘이 기하급수적으로 커졌다. 거시적이고 뜨거운, 그리고 질량 없는 입자들은 빛처럼 빠르게 움직이며, 단 하나의 통합된 힘으로 시공간을 생성했다. 그러다 마치 뒤늦게 무언가가 떠오른 것처럼 급팽창의 속도가 느려졌다. 1조분의 1초 동안 우주는 눈에 띄게 완벽한 평형상태로 돌아가는 듯 보였다. 그러나 이 상태는 찰나에 불과했다. 급팽창 후 중력이 제 힘을 발휘하기 시작했다. 온도가 떨어지며 힉스 보손이 응집됐고, 이 과정에서 중력이 가장 먼저, 그리고 약한 핵력(Weak nuclear force)에서 전자기력(Electromagnetic force)이 분리됐다. 입자들은 어디에나 존재하는 힉스 스칼라장과 상호작용하며 제각기 다른 반응을 일으켰으며, 그 결과 다양한 형태로 분화됐다. 장과 상호작용한 입자들은 속도가 느려지며, 쿼크(Quark), 렙톤(Lepton, 경입자) 그리고 약한 핵력을 매개하는 보손같이 분명한 질량을 지닌 입자가 됐다.

그 후에 일어난 또 다른 변칙들은 입자의 돌이킬 수 없는 독특한 다양성을 세상에 아로새겼다. 이 다양한 기본입자 중에는 지금까지 살아남은 것도, 중간에 자취를 감춘 것도 있다. 그리고 또다시 평형이 깨지면서 눈에 보이는 물질과 빛 그리고 네 가지 힘(중력, 전자기력, 강한 핵력, 약한 핵력)이 만들어졌다. 어쩌면 암흑물질(Dark matter)까지도. 다시 말해, 오늘날 우리가 알고 있는 우주의 구조가 그 형태를 잡아가고 있었다. 그러고는 아주 짧은 순간이 흘렀다.

비등방성

동시에 매우 사소하지만, 근본적인 세 번째 불완전함이 모든 사건의 흐름에 영향을 미쳤다. 아직 그 원인이 완전히 밝혀지지 않았지만, 힉스장의 특성과 관련돼 있을 가능성이 크다. 물질이 정반대에 서 있는 반물질(反物質, Antimatter)보다 미세하게 우세해지면서 오늘날 관측할 수 있는 것처럼 물질이 반물질을 압도하도록 만들었다. 이 엄청나게 작은 불균형으로 오늘날의 현실처럼 '반물질'이 아니라 물질의 세계가 탄생했다.

그다음에는 마치 폭포수처럼 또 다른 다양한 불균형, 분기(分岐) 그리고 응집이 뒤따랐다. 쿼크 글루온 플라즈마(Quark–Gluon Plasma), 양성자, 전자, 중성자, 최초로 극성을 띠었던 핵, 그리고 그 후에는 원자와 분자, 수소와 헬륨이 등장했다. 아주 찰나의 시간으로 38만 년의 시작이 열렸을 것이다(이전에 아무것도 존재하지 않았다는 사실을 고려한다면 '시작'은 적절한 단어다). 빛은 마침내 물질과 분리돼 광자(Photon)라는 입자로 사방으로 자유롭게 움직이기 시작했다. 오늘날에도 관측되는 우주배경복사(Cosmic Microwave Background Radiation, 우주 마이크로파 배경)는 우리 우주의 첫 빛이 보내는 분명한 화석화된 흔적이다. 우주배경복사는 항상 우주에 존재해왔으며, 모든 방향에서 날아와 우리에게 와 닿는다. 언뜻 보면 한 점에서 모든 방향으로 퍼져갔기에 우주배경복사가 매우 균질한 것처럼 보이지만, 사실은 그렇지 않다. 우주배경복사의 온도 분포를 자세히 살펴보면 밀도와 중력에 따른 작은 변화나 불균질성이 발견된다. 이는 우주배경복사가 그물망 같은 구조를 하고 있다는 사실을 보여준다.

수소와 헬륨의 초기 구름이 뭉쳐졌을 때 중력은 완벽하게 균질하게 작용하지 않았다. 어쩌면 암흑물질의 놀라운 그물망 구조 덕분에 초기 별들과 은하들이 더 조밀한 영역에 형성되면서, 차츰 드문드문 존재하게 된 거대한 빈 공간과 분리됐을지도 모른다. 초기에 존재했던 아주 작은 불균질은 주변에 있는 것들을 끌어당기는 구심점 역할을 했을 것이다. 이는 나중에 성단과 은하단으로 변했다. 이 구심점은 오늘날 우주의 구조가 균질하지 않고, 어떤 현상이 모든 위치에서 똑같이 일어나지 않는 이유를 잘 설명한다. 잠시 이에 관해 생각해보자면, 아래에 숨어 있는 물리적 기작은 루크레티우스의 클리나멘, 그러니까 평형을 깨뜨리는 특성에 기초하고 있다. 만약 물질이 완벽하게 균질하게 (등방한 물질처럼) 분포해 있었다면 중력은 모든 곳에서 똑같이 작동했을 것이며, 시공간이 확장하면서 물질도 등방하게 갇혀 있었을 것이다. 하지만 아주 작은 변칙, 섭동(攝動, Perturbation)에 의해 등방하지 않게 됐다면, 중력은 영역에 따라 힘을 다르게 작용했을 것이다. 비록 초기에는 거의 미미했지만 클리나멘이 일어나면서 우주는 점점 더 깊고 넓게 비등방해졌다. 물질의 밀도가 높

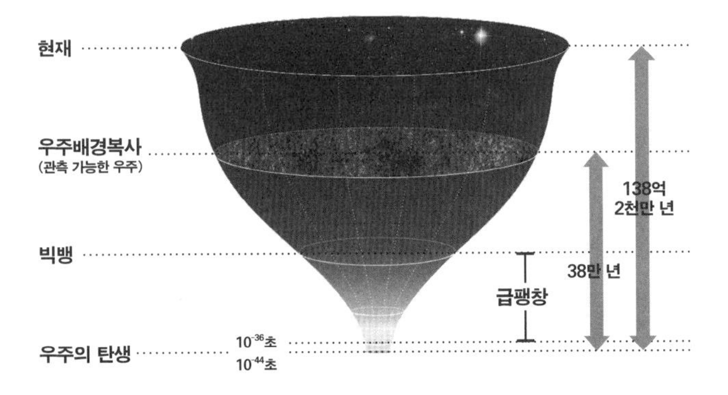

우주의 탄생부터 현재까지. 우리의 우주는 완벽하게 비어 있던 공간의 끝없는 변형 그 이상도 이하도 아니다.

아지면서 다른 물질을 끌어당겼고, 중력의 불안정성이 커지며 생긴 다양한 구조가 여러 구역에 걸쳐 심각한 불균형을 일으켰다. 실제로 그렇게 전개됐다. 이 모든 건 초기의 급팽창이 일어나고 증폭되던 시기에 이미 존재했던 아주 작은 불완전함 때문이다.

그 자체로 불완전함의 결과인 비등방한 우주는 우주배경복사의 극도로 작은 온도 차이(대략 2억분의 1도)를 통해 오늘날에도 여전히 잘 관측된다. 이는 태어난 지 고작 38만 년밖에 안 된 초기 우주의 사진이자, 그 불균질한 구조의 뚜렷한 지문이다. 이러한 물질 밀도의 비대칭적인 구성은 이후 모든 사건에 영향을 미치는 전환점이 됐다. 기어에 있는 래칫(ratchet)*처럼 이는 거꾸로 돌릴 수 없다. 물질의 밀도가 높아진 우주의 특정 영역에서는 중력으로 인해 시공간의 팽창이 느려졌다. 우주의 가장 불안정한 지점에서 중력은 엄청난 양의 물질을 끌어당겼으며, 내부 온도를 급격히 상승시키며 원시 별들의 용광로에 불을 붙였다.

암흑으로 뒤덮인 지 3억 년이 흐르고, 우주는 셀 수 없을 만큼 많은 수의 고립된 불꽃을 밝혔다. 비등방한 불완전함이 없었다면, 탄소, 질소, 산소, 네온, 소듐, 마그네슘, 실리콘 그리고 무거운 원자 순서대로 황, 칼슘, 철 같은 물질들이 별의 중심부에서 결코 합성될 수 없었을 것이다[3]. 이 초기의 별들이 붕괴하며 폭발적인 에너지가 방출된, 이른바 초신성(Supernova)은 훨씬 더 무거운 원소로 이뤄진 성간 구름을 만들었다. 이런 방식으로 훗날 더 다양한 화학적 구성을 지닌 안정적이고 수명이 긴 별들이 탄생했다. 우주의 무작위적인 구조에 초은하단(Supercluster), 장성(Wall), 필라멘트(Filament), 별자리 그리

* 기계적 요소의 움직임을 한쪽으로만 제한하는 톱니바퀴 같은 장치를 이른다.

고 성운도 만들어졌다. 어떤 곳에는 무거운 원소가, 또 어떤 곳에는 조금 덜 무거운 원소가 들어차게 됐다. 반전과 반전이 예고된 한 편의 드라마가 펼쳐질 무대는 그렇게 완성됐다. 우주의 역사는 잇따른 불균형으로 이뤄진 오래된 역사다. 이제 초비대칭(Superasymmetry)에 관한 이론이 필요할지 모른다.

우연

우주는 위험한 공간이기도 하다. 그 광활한 영역은 우리를 한순간에 절멸시킬 수 있는 맹렬한 재앙으로 매 순간 흔들린다. 절묘한 균형을 불어넣기도 하지만, 무한히 커지는 그리고 무한히 작아지는 물리학은 이 또한 위태롭다는 사실을 우리에게 알려준다. 모든 것은 불안정하다. 우주는 탄생하고 진화했으며, 결과적으로 사라질 것이다. 느리고 차가운 죽음으로든, 거대한 마지막 폭발을 일으키면서든. 수십 년 동안 우리는 우주가 진화해왔고, 언젠가 이 우주가 끝날 것이라는 사실을 밝혀냈다. 또 그 역사가 우연과 불안정성으로 가득 차 있다는 사실은 이제 겨우

알아가고 있는 것들이다. 모든 것은 완벽하지도, 꼭 필요하지도, 또 온전하지도 않아서 어쩌면 완전히 다른 결과를 내놓았을지도 모르기에 불안정할 수밖에 없다.

그렇게 루크레티우스의 중요한 개념 '클리나멘'은 21세기 과학의 언어로 새롭게 재해석돼, 이른바 '전환점' 혹은 '분기점'이 됐다. 역사적 상황에서 아주 미세한 차이는 때때로 결정적인 변화를 가져오곤 한다. 전환점은 다양한 요소들이 복잡하게 얽혀 서로 영향을 주고받는 과정에서 발생하며, 이 과정의 비선형적 특성 때문에 결과를 예측하기 어렵다. 이러한 복잡한 상호작용은 서로 의존하는 여러 요인으로 인해 일어나는데, 여기서 형성된 역사적 조건들은 대체 가능한 다른 현실들을 실현할 수 있는 잠재력을 가진다. 이 역사적 조건들 덕분에 같은 출발점에서 출발했더라도 완전히 다른 결과를 맞이할 수 있는 다양한 길이 열릴 수 있는 것이다. 즉, **과거의 상태는 미래의 사건을 예측하는 데 도움이 되지만, 그 정보만으로 미래를 완전히 예측하기에는 충분하지 않다. 하지만 그렇다고 해서 미래가 과거의 사건과 전혀 무관한 것은 아니다.** 실제로 미래 상태는 과거의 사건들에 의해 형성되며, 이는 과거의 사건들이 미래에 어떤 결과를 낳을 수 있는지에 대한 가능성의 토대가 된다. 다시 말해, 어떤 체계 내에서 이전 상태들은 전환점이 되는 데 필요하되 충분한 조건이 아니므로 미래에 일어날 전환점을 예측할 수 없고, 미래 상태들은 과거 전환점에 인과적으로 완벽히 의존한다. 따라서 그 과정의 산물은 우연적이라 할 수 있으며, 각 상황의 독특한 사건들이 모여 최종 결과에 결정적인 영향을 미치는 것이다.

이 정의에 따르면, 대부분의 역사 사건들은 중요한 전환점이 아니다. 그 이유는 어떤 사건들은 예기치 않게 일어났지만 큰 영향을 미치지 않았거나, 또 어떤 사건들은 훗날 중요한 결과를 낳았을지라도 상대적으로 예측 가능했기 때문이다. 쉽게 말해, 만약 역사의 모든 사건이 다 중요했다면 역사가 너무 복잡하고 혼란스러워져 이해할 수 있는 그 어떤 역사도 없을 것이다. 그러므로 과거 사건 대부분은 후속 사건의 전개에 그다지 중요하지 않다. 하지만 만약 어떤 사건도 중요한 전환점으로 여겨지지 않는다면, 모든 것이 이미 불변의 법칙에 따라 결정됐다고 볼 수 있으므로, 역사의 결과를 궁금해하며 기다리는 것 또한 무의미해진다.

다행히 과학이 탐구하는 가장 아름다운 이야기는 이러

한 극단적인 경우에 속하지 않는다. 그보다는 규칙과 우연이 조합된 더 흥미로운 우회로를 모색한다. 박물학자 찰스 다윈(Charles Darwin, 1809~1882)이 말했듯이, 이는 "매번 정말 예측할 수 없는 방식으로 상호작용하는 다른 이야기"다. 연속된 사건은 자체의 논리와 일관성을 가지며 내재한 규칙성을 지니고 있다[4]. 하지만 (반복적으로 원인을 따르는) 이 과정의 견고함은 연역적이기는 하지만 결정적일 정도로 견고하진 않다. 달리 말하자면, 이 과정은 영향력 있는 중요한 전환점 혹은 '결정적인 사건들'에 의해 특징지어지며, 이는 사건의 흐름을 바꾸고 결과를 수정해 독특한 무언가를 만들어낸다.

하나의 우연은 다른 역사적 사건들에 영향을 끼칠 수 있을 뿐 아니라, 때에 따라 역사 전체를 뒤바꿀 수 있다. 우연한 사건에 대한 수용성은 이렇듯 우리에게 직접적인 영향을 끼치는 중요한 과정을 한데 모은다. 그 과정은 결정적인 순간과 중요한 전환점, 우주와 생물학적 진화, 개인의 발전 그리고 우리의 삶 같은 것들이다[5]. 규칙과 우연 사이의 끝없는 줄다리기 속에서 우연한 사건은 다른 방향으로 일어날 수 있다. 특히 유동적인 상황의 경우, 우연한 사건에 대한 수용성이 높아지고 임계점이 다양해짐에 따라 완전히 다른 상황이 광범위하게 펼쳐질 수 있다. 이는 뒤따라올 다른 역사에서도 마찬가지다. 반대로, 상황이 고정돼 있다면 변하지 않는 법칙이나 그 순간의 제약 때문에 특정한 결과들이 다른 결과들보다 훨씬 더 일어날 가능성이 커지므로 상황이 덜 유연해진다. 지금 여러분의 삶은 어떤 상태에 있는가? 유동적인가, 고정적인가? 우연성이 차지하는 부분이 큰가, 작은가?

'사후가정'은 독이다

우주와 행성의 역사를 살펴보면, 거의 모든 면에서 우연이 중요한 역할을 했다는 것을 알 수 있다. 불완전하기에 매력적일 수밖에 없는 우주에서 우리가 사는 작은 영역은 전혀 특별할 게 없는 곳이다. 태양계는 평범한 나선은하인 우리은하 내에 있으며, 나선의 여러 팔 중 하나인 오리온자리 팔에 해당하는, 은하 중심에서 약 2만 7천 광년 떨어진 곳에 있다. 최소 1천억 개의 별을 가진 우리은하는 50개의 은하로 이뤄진 '국부은하군(처녀자리초은하단의 수백 개 은하군 중 하나)'의 일부로, 약 4억 년 후에 안드로메다 은하와 충돌할 것으로 예상된다. 하지만 우리은하에서 특별할 것 없는 우리의 작은 영역은 생겨난 지 100억 년 정도로 충분히 오래됐다. 이는 초창기에 탄생한 별들이 연료(수소와 헬륨)를 소진하고 초신성으로 폭발해 다양한 종류의 풍부한 중원소(重元素, 우리에게 매우 중요한 원소)들을 만들기에 충분한 시간이었다. 이 우연한 사건들로 인해 우리는 우리가 훗날 태어나고 살아가는 데 유리한 삶의 토대를 얻게 됐다.

우리은하의 국지적인 영역이자 중원소 분자로 이뤄진 우주먼지(Cosmic dust)에는 셀 수 없이 다양한 탄소 화합물이 들어 있다. 이곳을 순환하는 유기분자는 아미노산, 질소염기 그리고 흥미로운 사슬구조의 분자들로 이뤄져 있다. 수소라는 예외를 제외하면, 우리 몸을 이루는 모든 물질은 성간 화학 공장에서 만들어졌다. 약 48억 년 전, 우주의 시공간이 다시 암흑에너지(Dark energy)의 반중력 효과로 팽창을 가속하기 시작한 무렵, 우리은하의 외딴곳에 있던 차갑고 어두운 성간운은 붕괴되기 시작했다. 임마누엘 칸트(Immanuel Kant, 1724~1804)를 비롯한 여러 철학자가 가정했듯이, 성운의 물질이 수축하면서 중심에 태양이 형성됐고, 이 주변에 물질의 밀도가 높아져 행성이 만들어졌다. 이 행성들은 태양을 중심으로 대체로 비슷한 평면 내에서 같은 방향으로 공전했다.

우리가 사는 우주의 온도는 매우 낮다. 평균적으로 절대영도(섭씨 영하 270도)보다 3도 높은 정도다. 이렇게 차가운 우주에서 지구라는 방랑하는 바위가 약 30억 년 동안 쾌적한 표면 온도를 유지할 수 있었던 이유는 그저 여러 물리적 조건들이 결합된 덕분이었다. 지구는 운 좋게도 적절한 궤도에서 적절한 속도로 태양 주위를 공전했고, 자기장도 강하지 않았다. 게다가 태양 중심에는 약 100억 년 동안 지속될 만큼의 연료(수소)가 충분히 있었다. 완벽한 성운 속 완벽한 위치에 완벽한 별이 존재한 것이다.

하지만 어떻게 확신할 수 있을까? 사실 '완벽함(즉, 우리에게 필요한 모든 것이 너무 많지도 너무 적지도 않은 상태)'이라는 개념은 우리의 생각을 잘못된 방향으로 이끈다. 우리가 현재 여기, 그러니까 별이 빼곡한 하늘을 동경하고 과학적으로 우주의 역사를 재건하는 지구에 있기에 이는 역산을 통해 내리는 판단이다. 같은 조건에서 일어날 수 있는 셀 수 없이 다양한 대체 가능한 결과물과 각본을 과소평가하기에, 결과에 기반한 판단은 진화를 이해하는 과정에서 장애물로 작동한다. 꼭 필요하고 완벽해 보이는 변칙을 만들어내기 위해서라면 설사 완벽하지 않더라도 완벽해 보이게끔 만든다. 심지어 현실을 뒤집어 보도록 유도하기도 한다.

우연의 역사를 사후에 돌아보면, 우리는 운명과 설계 그리고 몇 가지 사건을 선택적으로 골라내고 나머지를 무시하며 운명론적인 단어를 통해 추론하는 경향이 있다. 실제로 드러난 특정 결과 외에는 선택의 여지가 없었던 것처럼 보이게 한다. 마치 처음부터 카드에 모든 수가 다 적혀 있고, 꼭 필요한 일들만 거미줄로 연결된 듯 보이는 필연성처럼. 하지만 필연적인 듯 보이는 결과는 사후에 갖는 자기 위안적인 착각이자, 의도와 결과를 소급 적용해 깨달음을 얻는 과정에서 생기는 오류일 뿐이다.

문제는 우리의 마음이 다음과 같은 논리로 움직인다는 데 있다. 바로 이 순간 나를 둘러싸고 일어나는 수많은 우주적 그리고 개인적인 우연이 단순한 운의 결과일 리 없다. 결과는 일어날 운명이었다는 식으로. 이와 관련해 수많은 연구들은 우리 뇌에서 애니미즘(Animism)*과 기술을 향한 호모 사피엔스의 강력한 심리적 경향성을 볼 수 있

* 자연계의 모든 사물에 영적이거나 생명적 속성이 있다고 믿으며, 자연계의 여러 현상도 이러한 작용의 결과로 보는 세계관이다.

다고 결론지었다. 즉, 목적을 염두에 두면서 목표를 보여주고, 이를 달성하기 위해 노력하는 의도를 지닌 누군가가 등장하는 이야기를 좋아한다는 뜻이다. 따라서 우리는 우주적 그리고 생물학적 진화의 움직임이 불완전함에서 완전함으로, 단순함에서 복잡함으로, 무기체에서 사고가 가능한 생명체로 흘러갔다고 생각하기 쉽다.

이러한 방식으로 합리화하면, 중요한 순간들이 미쳤던 파급 효과와 그 후에 발생한 사건들의 미묘한 불완전성이 미래의 사건들에 어떤 영향을 미쳤는지, 그에 관한 감각을 잃을 위험이 있다. 만약 우리가 과거의 어떤 중요한 순간에 가능할 수 있던 일들을 생각하며 그 순간들이 어떻게 미래를 바꿨는지, 진화를 이해하려고 노력한다면(그리고 그 순간의 다양한 가능성과 해당 시점에서의 과거와 미래를 모두 고려한다면), 우리 앞에는 수많은 다른 미래('반反미래')의 모습들이 드러날 것이다. 이러한 미래들은 과거의 중요한 순간들과 그 순간들의 작은 불완전함으로 인해 생겨난 것들로, 오늘날과는 전혀 다른 현재('반反현재')의 모습들이 될 것이다. 우리는 과거를 돌아보며, 필연적이며 사전에 정해진 '자연스러운 것'으로, 심지어 피할 수 없는 것으로 여겨지는 현실이 된 단 하나의 현재만을 주목하지 않을 것이다. 그러나 실현되지 않은 모든 가능한 이야기들의 아름다움은 감상할 수 있게 될 것이다. 실현되지 않은 현재들은 과거의 일어나지 않은 사건들에 의해 제약된다(즉, 인과적으로 의존한다). 이것들은 이른바 철학자들이 말하는 반(反)사실, 즉 중요한 순간에서의 변화가 현실에서 실현된 것과 다른 결과를 낳는 대안적이고 그럴듯한 과거의 또 다른 모습들이다. 사후가정은 독이다. 이를 지워버린다면 미래는 훨씬 더 열려 있을 것이다.

우주의 유탄

우리의 고향인 지구의 역사도 다른 대안으로 열려 있었다. 우리는 완전히 다른 세계에서 살아갈 수 있었지만, 지금 우리의 세계는 실제로 일어난 유일한 일이기에 우리에게 매우 특별한 사건이다. 우주선의 창문으로 지구를 감탄하며 바라볼 수 있을 만큼 운이 좋은 사람들에 따르면, 우주에서 바라본 지구는 정말 연약해 보이는 동시에 지구에 대한 책임감이 든다고 말한다. 지구는 정말 특별해 보이며, 우리가 아는 한 실제로도 그렇다. 한마디로, 지구는 여러 다른 동거 생명체와 우리에게 더할 나위 없이 완벽해 보인다. 하지만 세계가 이 지점에 도달하기 위해서는 드라마와 우연으로 가득한 행성의 진화가 필요하다. 정말 완벽한 행성이라면 평형상태, 그러니까 사실상 곧 생명력을 잃어버릴 것이다.

물론 우리의 이야기는 아니다. 갓 만들어져 약했던 태양의 원시 행성계 원반에서는 충돌과 폭발 그리고 수축 반응이 폭포수처럼 쏟아지며 대혼란을 일으켰다. 그러다 커다란 원시 행성 몇몇이 유탄으로 운 좋게 살아남았다. 적당히 거리를 두고 자리 잡은 거대 기체 행성(Gas giant) 목성, 그보다 멀리 떨어진 거대 얼음 행성(Ice giant) 몇 개, 안쪽에 자리 잡은 지구형 행성 다섯 개(수성, 금성, 지구, 테이아Theia, 화성) 그리고 우주 이곳저곳에 흩어진 잔해와 소행성 몇몇이 그 유탄들이다. 이 당시 태양계의 세 번째 행성은 철, 산소, 규소, 마그네슘, 칼슘, 알루미늄, 니켈 그리고 다른 물질들이 약간 섞인 뜨거운 혼합물로 이뤄져 있었다. 약 46억 년 전 반응으로 핵, 맨틀, 지각과 함께 유독한 대기가 만들어졌다. 외핵에서 액체 상태의 철이 움직이면서 우주에 휘몰아치는 태양풍으로부터 지구를 지켜줄 수 있는 자기장이 형성됐다. 흥미로운 특징이긴 했으나, 거대한 화산 폭발과 소행성의 충돌로 인해 여전히 지구는 생지옥 같은 곳이었다. 만약 그 무렵 지나가던 외계인이 잠시 들렀다면, 지구가 오늘날처럼 풍요로운 곳이 될 거라고는 상상조차 하지 못했을 것이다.

하지만 9천만 년이 흐른 후, 예상치 못한 일이 일어났다. 지구와 매우 가깝게 있던 작은 행성 테이아가 마치 우주라는 당구대 안의 공처럼, 크고 작은 충돌로 튕겨져 지구 궤도에 들어선 것이었다. 그러다 자신보다 몸집이 훨씬 큰 지구와 비스듬히 충돌했다. 테이아의 일부는 지구와 합쳐졌고, 다른 일부는 지구의 파편과 함께 달이 되거나 우주 공간으로 흩어졌다. 이 사건으로 지구에는 많은 일이 일어났다. 축이 살짝 기울어져 계절이 생겨났으며, 달이 지구 주변을 맴돌기 시작하면서 밀물과 썰물도 생겨났다. 그 후로 1억 년이 지난 뒤에야 대기가 다시 형성됐다. 물은 원시 바다로 흘러들었으며, 판 구조의 복잡한 움직임도 시작됐다. 온실효과 덕분에 기후가 안정되면서 지구는 생명력 넘치는 역동적인 진화의 행성으로서 자신만의 역사를 시작했다. 어쩌면 이 시기야말로 생명체 탄생을 위한 조건이 마련될 적기였을 것이다. 하지만 너무 일렀다. 이 당시 불안정해 보였던 태양계에 또 다른 잔혹한 일이 벌어졌기 때문이다.

약 38억 년 전, 목성과 토성 사이의 궤도 공명(Orbital resonance)*은 이들의 궤도를 불규칙하게 만들었다. 이 사건은 해왕성의 궤적에도 큰 영향을 미쳐 해왕성을 천왕성 바깥 카이퍼 벨트(Kuiper belt)**의 중심으로 밀어냈다. 목성의 대격변은 태양계 전역에 얼음덩어리 혜성과 광란의 소행성을 날려 보냈고, 지구와 달 같은 지구형 행성에도 이를 퍼부었다. 모든 것이 순식간에 아수라장으로 변했다. 이 덩어리들이 지구 표면으로 떨어지면서 어마어마한 양의 외부 물질이 지구에 재앙 같은 영향을 미쳤고, 물, 탄소, 아미노산 그리고 다른 유기분자의 농도를 높였다.

간단하게 말하자면, 그 어디에도 생명체가 살기에 적합한 행성이자 알맞은 장소로 지구가 완벽하다고 적혀 있진 않다. 하지만 우리는 우리가 자애롭고 피할 수 없는 운명의 축복을 받았다고 상상하는 실수를 저지른다. 우주를 떠돌다 나중에 우리의 지구(Earth)가 될 거대암석의 이름은 실제로 이 '대지'에서 유래했다. 지구는 오랜 시간이

* 공전하는 두 천체가 작은 정수비(4:1, 2:1, 1:1 …)를 만족하는 공전 주기로 인해 서로에게 주기적으로 가까워져 일정하게 중력적 영향을 가할 때 발생한다. 서로의 궤도를 변경시키거나 제한하는 불안정한 상호작용이다.

** 해왕성 바깥에서 태양 주위를 도는 작은 천체들의 집합체를 이른다.

흘러서야 살 만한 곳이 됐다. 우주의 폭발과 지질학적 격변이 끝나고 태양계가 완성된 시기가 돼서였다. 우리는 완벽함과 독특함을 잃은 대신에 다양성을 얻었으며, 그 결과 모든 것이 더 흥미로워졌다.

만약 우리의 우주가 인플라톤에 기반한 불규칙한 변동을 제외한, 그 어떤 방식으로든 폭발이라는 형태로 탄생했다면 특별할 것이 없었을지 모른다. 누가 알겠는가? 시공간에서의 수많은 폭발이 기하급수적으로 일어나 대체 우주(Alternative universes)가 존재하는 초우주가 펼쳐졌을지. 그중 일부는 생명체로 가득하고 나머지는 그렇지 않으며, 심지어 그중 일부는 우리와 가깝게 있지만 소통할 수 없는 차원에 존재할지도 모른다. 아마도 우리는 무수히 많은 우주 속에 있으면서도 그 사실을 절대 알지 못할 것이다. 그렇다고 우리에게 일어난 불완전함과 우연성이 최고의 각본이자 다시 재현할 수 없는 특별한 사건이라는 뜻은 아니다. 즉, 우주의 평형이 깨지고 여러 우연이 겹쳐서 지구에 생명이 생긴 건 사실이지만, 이런 잇따른 중요한 사건들이 우리 우주에서만 일어난 유일한 사건이라고 보기는 어렵다. 우리의 역사가 '특별'하다고 할 수 있지만, 이와 비슷한 사건이 우주 속 다른 어딘가에서 발생했을 가능성도 충분히 있다.

태양계 밖 수천 개의 행성을 떠올리면, 다수의 행성들이 생명체가 살아가기에 좋은 궤도를 맴돈다는 사실을 알 수 있다. 별의 밝기와 궤도 반지름은 사실상 생명체가 살아갈 수 있는 온도를 보장하는 적절한 범위임을 암시한다. 우리은하에만도 지구와 닮은 외계행성이 100억 개 이상 있으리라 추정된다. 우리가 살고 있는 이 작은 우주에만 100억 개 정도다. 까마득한 밤에 생길 수 있는 100억 가지의 가능성이라니! 하지만 생명체가 살아갈 수 있는 범위에 있다는 것만으로는 충분하지 않다. 이 모든 과정이 시작하기 위해서는 액체 상태의 물과 유기화합물도 필요하다. 하지만 이런 과정이 일어날 수 있는 따뜻하고 습도 높은 행성이 수십억 개나 된다고 말하면서도 (그러니까 수십억 개의 가능성이 있다고 가정하면서도) 자연 발생, 물질 간의 화학작용으로 만들어진 자가복제 생명체의 등장이 기껏 오리온자리 변방의 암석과 금속으로 이뤄진 우리의 작은 행성에서만 가능했으리라고 생각하는 건 다소 비현실적이고 주제넘은 일이다.

그렇다고 다른 행성계와 공유하는 이 독특한 우연의 역사가 모든 곳에서 우리와 똑같은 전철을 밟아야 한다고 말하려는 것은 아니다. 그뿐 아니라 아미노산, 뉴클레오타이드, 당 그리고 지방의 혼합물이 생명체의 완벽한 조리법이라고 말하려는 것도 아니다. 지구의 화학 요리는 주로 탄소, 질소, 산소, 수소 그리고 약간의 인산, 황, 철로 이뤄져 있다. 다른 곳이라면, 누가 알겠는가? 머지않은 미래에 발견하게 될 독특한 박테리아가 우리에게 답을 알려줄지도 모른다. 우리는 이 박테리아들을 극한의 조건에서 생존하는 지구의 미생물들과 비교해 이들이 발견한 생존 방법이 무엇인지 연구할 수 있으며, 연구할 수 있는 다양성의 범주가 얼마나 넓은지도 이해할 수 있게 될 것이다. 우리가 아는 한, 지구의 생명체는 그들이 내디딘 첫 발걸음부터 수많은 중요한 순간을 거쳐왔다. 그리고 많은 순간, 우리는 거의 실패할 뻔했지만, 완전히 실패한 적은 없었다. 자, 이제 생물학적 불완전함의 자연사가 시작된다. 여정의 핵심이다.

CHAPTER 2

불완전한 진화

팡글로스는 형이상학과 신학 그리고 우주론을 사람들에게 가르쳤다. 그는 원인 없는 결과가 없다는 사실을 감탄스러울 정도로 잘 증명해 보였다. 우리의 세계는 실제로 일어날 수 있는 세계 중 최선이며, 바론의 성은 이 세계에서 가장 아름다운 성이고, 아내는 그 어떤 남작 부인과 비교할 수 없을 정도로 최고였다.

볼테르, 『캉디드 혹은 낙관주의』

이 세상에 태어났다면, 음식을 먹고 성장하고, 다양한 환경 그리고 생명체들과 관계를 맺고, 아마도 번식하고 죽음을 맞이할 것이다. 그리고 이 비슷한 과정을 거듭하며 오랜 시간 진화한 무리에 속해 있다면, 여러분은 살아 있는 개체다. 이 독특한 능력은 우리가 생명이라 부르는 경이로움이 불완전한 동시에 역설적으로 취약하다는 사실을 보여준다. 끝나지 않는 계주처럼 셀 수 없을 정도로 많은 개별 생명체들이 나타났다 사라지고, 태어나고 죽음을 맞이하며, 자신의 종이 조금 더 오래 살아남을 수 있도록 자신을 희생한다. 만약 이것이 가능한 세계 중 최선의 결과라면 다른 세계들은 모르는 편이 더 나아 보인다.

가장 창의적인 불완전함

우리는 여전히 그 시작점이 햇볕을 듬뿍 받은 얕은 물속에서 무작위로 일어난 상호작용의 거품 속이었는지, 혹은 엄청난 압력 아래 뜨거운 열수 분출구 근처 해저 바닥에 있는 어두운 잔물결 속이었는지 잘 모른다. 어쩌면 황화물 분출구의 틈새에서 열수와 냉수의 경계에 있던 최초의 막이 자체적으로 막히면서, 주변에 있던 생명에 필수적인 성분들을 작은 물방울 안에 가뒀을지도 모른다. 불투명하지 않은 이 막은 바깥 세계와 물질을 주고받으며, 영양분을 흡수하고 폐기물은 밖으로 내보냈다. 35억 년 전 어느 날, 여러 물방울 중 하나에서 원시 대사활동이 시작됐고 점점 더 커지다 둘로 쪼개졌다. 자가복제 방법을 터득한 것이다. 분열된 유기체 안에서도 같은 물질이 복제되고, 다시 분열해 자신의 복제본을 만드는 사슬 형태의 뉴클레오타이드(Nucleotide)*를 형성했다. 그렇게 유기체를 구축하는 데 필요한 정보를 전달할 수 있는 능력을 지니게 됐다. 그리고 자가복제라는 잠재적으로 끝나지 않는 게임이

* 생명체의 대사와 유전정보 전달에 필수적인 핵산(DNA와 RNA)의 구성 분자다.

시작됐다.

다시 말하자면, 임계점을 넘어서며 자가복제 작동 체계는 끝나지 않는 과정을 촉발했다. RNA* 사슬은 각자의 상호보완적인 복제물을 만들 수 있는 능력을 획득했고, 떨어져 나와 스스로 복제했다. 또 제각기 다른 공간적, 기능적 배열을 선택하며 분리, 절단, 응집 등의 기능을 수행했다. RNA 사슬은 다양하게 증식한 끝에 막대한 양으로 늘어났다. 더 효과적인 형태의 RNA 사슬이 무작위로 나타나게 되면서 다른 형태의 것들을 압도했다. 그리고 분자가 진화하는 과정 중에 새로운 고분자, DNA가 무대에 등장했다. DNA는 RNA보다 더 안정적으로 변하면서, 결과적으로 더 오래 그 형태를 유지할 수 있었다. 상호보완적인 한 쌍의 가닥 덕에 자가복제를 더 효율적으로 수행할 수 있었다.

DNA는 중심축을 따라 이중나선으로 감겨 있으며, 이 구조는 놀라운 압축 효율을 가지고 있다. 두 개의 뉴클레오타이드 사슬이 서로 감겨 이중나선을 형성하며, 이는 DNA의 복잡한 유전정보를 효과적으로 저장하고 보호한

* 리보핵산. 유전정보 전달과 단백질 합성에 관여하는 분자로, DNA에서 정보를 복사하거나 해독해 세포 기능을 조절한다.

다. 이 시점에 이르러, 원시 생명체는 세 가지 생물 고분자 사이의 상호작용으로 탄생했다. 이 세 고분자는 좁지만, 막으로 보호받는 수중 공간에서 떠다녔다. 신뢰할 수 있는 복제자이자 지휘자인 DNA, 그보다 덜 안정적이지만 유전체(Genome, 게놈)*와 단백질 사이의 필수적인 중개자이자 과정의 조절자인 메신저 RNA(mRNA) 그리고 무수히 다양한 3차원 구조로 기능을 수행하지만 복제할 수 없는 아미노산이 그것이었다.

최초의 복제체들은 RNA로만 이뤄진 원시적인 원생생물이었다. 아마도 이들로부터 무서울 정도로 완벽에 가까운, 고대 바이러스들이 진화했을 것이다(우리는 이를 코로나바이러스 2SARS-CoV-2 팬데믹에서 이미 확인했는데, 안타깝게도 이 바이러스들은 거의 완전히 치명적으로 돌변했다). 이 일은 모든 생명체의 공통 조상인 단세포, 즉 가장 작은 생명체가 등장하기도 전인 진화의 아주 초기 단계에서 일어났다. 결국 수많은 실패한 시도 끝에, 분자 선택을 통해 단백질 합성이 시작됐다. 이 놀라운 순환과정에서는 특정 단백질(효소)이 다른 단백질의 생산 과정을 감독한다. RNA와 단백질, 둘

* 한 유기체의 전체 유전정보를 담고 있는 DNA의 전체 집합체.

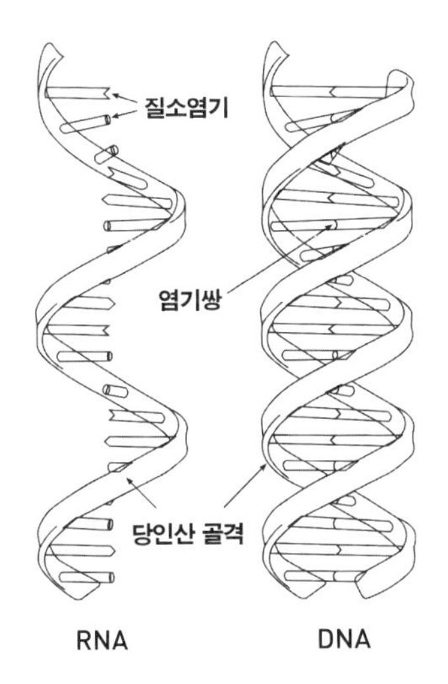

RNA와 DNA의 구조. 두 구조 모두 질소염기로 이뤄진 사슬로 이뤄져 있으나, RNA는 단일 나선인 반면에 DNA는 이중나선 구조를 띤다.

중 어느 것이 먼저였을까? 이는 풀기 어려운 문제다.

복잡 미묘하면서도 놀라운 생화학 장치인 RNA가 등장하기 전에는 그 어떤 것도 이와 비슷하지 않았다. 이중나선 DNA의 일부(유전자)는 자체적으로 분리되고, 이 분리된 나선 하나가 중합효소(Polymerase)*를 사용해 상호보완적인 RNA 복제물질을 생산했다. 그리고 이렇게 복제

* DNA나 RNA의 다른 분자로의 복제나 합성을 담당하는 효소로, DNA 중합효소는 DNA를 복제하는 데 사용되며, RNA 중합효소는 RNA를 합성하는 데 사용된다.

된 나선(메신저 RNA)은 리보솜(Ribosome)*에 의해 '스캔'됐다. 이 과정에서 리보솜은 64가지 조합이 가능한 RNA 세 쌍과 20가지 아미노산 사이의 중복된 유전적 암호를 활용해, 아미노산 사슬로 이뤄진 단백질을 만들어냈다. 이렇게 리보솜에 의해 합성된 단백질은 매우 복잡한 공간적 구조를 취하며, 초기 DNA에 포함된 지시사항을 실행하고 모든 생명 과정을 작동시켰다. 걸작을 만드는 과정일까? 그렇다. 그러면 완벽한 과정일까? 절대 그렇지 않다. 만약 그랬다면 제 역할을 하지 못했을 것이다.

여기서 불완전함은 가히 천재적인 역할을 한다. 여러 복제물질을 거치며 DNA는 충실히 전달되지만, 무작위로 복제되는 과정에서 오류가 발생하곤 한다. 복제는 늘 완벽하지 않다. 약간의 변이, 오차 그리고 재조합이 발생한다. DNA는 중요한 양면성을 지닌다. DNA가 안정적이지 않았다면 유전적 정보를 전달할 수 없었을 것이다. 하지만 동시에 DNA는 가변적이기도 하다. 정체돼 있었다면 진화는 불가능했을 것이다. 진화 과정에서 나타난 오류는 변화를 일으키는 활력소다. 돌연변이는 DNA를 구성하는

* 세포 내에서 단백질 합성을 수행하는 세포 구조물 중 하나로, 단백질 합성의 주요 장소다.

네 개의 질소염기들이 결손, 대체 혹은 첨가되는 과정에서 만들어진다.

만약 생식세포에서 돌연변이가 일어난다면 이 돌연변이는 유산으로 남아 다음 세대로 전달될 것이다. 하지만 무한정 반복되는 복제만으로 완전히 똑같은 개체를 양산하는 그 자체는 쓸모가 없다. 변화하는 환경 속에서 살아남기 위해서는 다양해져야 한다. 무작위적으로 발생하는 돌연변이는 모든 개체가 제각기 다른 차이를 가진다는 것을 의미한다. 그리고 주어진 환경에서 생존하고 번식할 기회의 폭을 넓혀준다. 자연선택은 우연을 통해 유기체들이 진화하도록 만드는 안전망이다. 그 연료는 혁신적인 사소한 불완전함, 평균치에서 약간 벗어난 이탈, 그리고 모든 개체가 태어나면서부터 갖고 있던 세대 간 불복종이다.

하지만 돌연변이가 너무 많아져서도 안 된다. 돌연변이는 대부분 (딱히 좋지도 나쁘지도 않은) 중립적이거나 해롭기 때문이다. 즉, 돌연변이는 꼭 필요한 동시에 완벽하지 않은 야누스의 두 얼굴을 지니고 있다. 진화와 다양성의 동력이라는 긍정적인 면을 지닌 동시에 부정적인 면도 있다. 세포가 자칫 돌연변이를 통해 자제력을 잃고 악성 종양으로 변할 수 있으므로. 돌연변이는 마치 문 앞에서 기다리고 있는 야누스처럼 과거와 미래를 동시에 바라본다.

위대한 타협, 다세포화

이 불완전하지만 놀라운 유전적 체계는 마치 제분기가 곡물을 갈고 빻듯이, 우연한 변이를 갈고 다듬어 지구 곳곳에 다양성이라는 선물을 안겨줬다. 오늘날 사람의 신체는 250가지 다른 유형의 세포가 존재하며 수만 종류의 단백질로 이뤄져 있을 만큼 다양하다. 최초의 박테리아로부터 다양한 종들이 분화됐는데, 이는 원핵생물*에서 시작해 단세포 진핵생물(원핵생물 간 공생의 결과)에 이르고, 다시 세포 분화를 가진 다세포 생물로 이어지며, 곰팡이, 식물 그리고 우리를 포함한 동물로 발전했다. 사실 우리는 이 모든 것들이 사는 생물 다양성 제국의 끄트머리쯤에 서 있다. 그런데도 우리가 손에 쥔 모든 증거는 이 놀라운 다양성 제국조차 잠재적으로 가능한 결과의 극히 일부에 지나지 않는다는

* 핵막이 없는 생물을 뜻하며, 별도의 생물학적 성을 가지지 않으며 무성생식으로 번식한다. 흔히 세균이라 부르는 종류도 포함된다.

사실을 암시하는 듯 보인다. 가장 처음부터 가능한 조합은 훨씬 많았지만, 이제껏 우리가 볼 수 있는 결과물은 몇 안 된다. 실질적으로 밝혀진 수많은 조합 중에서 지난 35억 년 동안 지구에 존재했던 종 가운데 99.9퍼센트(정말 엄청난 숫자다)가 멸종했다는 사실을 기억해야 한다. 그중 대부분은 우리가 지구에 등장하기도 전에 사라졌다. 지금은 비록 자칭 호모 사피엔스라는 종이 여기에 이름을 올리며, 지난 5세기 동안 모든 생명체의 3분의 1을 뿌리 뽑았지만.

약 20억 년 전, 세포는 수많은 무작위적인 돌연변이 중 한 과정을 겪은 것으로 추정되는데, 바로 자가분열할 때 두 딸세포*가 서로 분리되지 못하고 붙어 있게 된 것이다. 그 후로 생겨난 다른 돌연변이로 두 딸세포는 각기 다른 방식으로 분화돼 서로 다른 기능을 수행했다. 그렇게 변이와 차별적 생존이라는 진화의 엔진이 다시 돌아가기 시작했다. 이 두 세포는 다른 세포들과 달리 함께 있던 덕에 상대로부터 작은 이점을 얻었다. 우선 함께 붙어 있게 되면서 생존을 위한 짐을 나눠 짊어 졌다. 만약 이 이점이 다음 세대로 전달되고 이것이 선택받았다면 (즉, 선택압이

* 모세포의 분열 결과 새로 생겨나는 세포를 이른다.

호의적이었다면) 두 세포는 계속 함께 살아가는 것이 유리했을 것이다. 따라서 복제를 위해서는 분리돼야 하지만 각각은 함께하는 세포의 돌연변이 인자까지도 유지해야 하므로, 결국 양쪽 모두 더 큰 복잡성을 띠게 됐을 것이다.

이 시점에서 하나의 세포는 같은 체계 내 일부이므로 혼자서는 무언가를 할 수 없었다. 이들은 협력해야 했을 뿐 아니라 올바른 방향으로 분화돼야 했다. 게다가 처음으로 높은 차원의 통제를 받아들여야 했다. 모두 같은 유전자를 갖고 있었지만, 각기 다른 기능을 수행할 수 있도록 제어되고 다른 방향으로 활성화됐으며, 단세포보다 훨씬 거대하고 복잡한 다세포 유기체인 신체의 일부가 돼 공동체를 꾸렸다. 여기서 DNA는 첫 수정에서부터 또 다른 기적을 일으켰다. 몇몇 유전자는 건축가 역할을 하며 제각기 다른 모습(연체동물, 갑각류, 곤충, 척추동물 등)으로 발전을 관장했다. 세포들은 다양한 조직으로 분화한 후 알맞은 자리를 찾아갔다. 유전자는 알맞은 자리를 안내하는 역할을 맡으면서 세포에게 다양한 신체 부분(팔, 더듬이, 마디, 머리 그리고 꼬리)을 구축하라는 명령을 내리거나 대칭(앞과 뒤, 위와 아래, 왼쪽과 오른쪽, 들어가는 구멍과 나오는 구멍)이 되도록 제어했다. 그 결과, 한정된 도구(발달 유전자)에서 시작한 DNA는 자연에 셀 수 없이 다양한 신체구조의 다세포 생물종을 탄생시키기에 이르렀다. 이제 유기체들은 죽기 살기로 서로를 잡아먹기 시작했고, 이 과정 자체를 즐기기까지 했다.

하지만 이 순간에도 치러야 할 대가는 있었다. 만약 세포가 혼자였다면 세포자살(Apoptosis)*은 꿈도 꾸지 못했을 것이다. 단세포 생명체는 견디고 증식하며 공간을 점유하려는 특성을 가졌기 때문이다. 만에 하나 이를 수행하지 못한다고 하더라도 그 상태로 생존하는 것도 괜찮다. 최악의 경우라도 남길 수 있는 자손의 숫자를 줄이는 방식으로 적응하면 되므로. 하지만 다세포 유기체는 돌연변이, 방사선 혹은 외상으로 세포 하나가 망가지면 유기체의 나머지 부분에도 악영향을 끼치고, 그 결과 전체 생존이 위협받는다. 전체는 개별 개체와 각 부분의 이기심을 통제한다. 따라서 자발적이든 그렇지 않든 세포는 공익을 위해 자신을 희생해야 한다.

세포자살(이른바, 체계화된 세포 자연사)은 진화 과정에서 발

* 세포가 내부 또는 외부 신호에 반응해 스스로 죽는 정교하고 조직된 과정으로, 다세포 생물체의 정상적인 성장과 발달에 필수적이다. 예를 들어, 태아 발달 중 손가락 사이의 세포가 세포자살을 거쳐 손가락이 분리된다.

달했는데, 이는 우리를 구성하는 모든 세포의 DNA 안에 기록돼 있으며 첫 다세포 생명체에게 엄청난 선택적 이점을 선사했다. 다세포화와 신체 발전의 결과 중 하나는 통제가 심한 경찰국가처럼 다른 모든 세포와 함께 기능을 수행해야 한다는 점이다. 면역체계는 전체 상황을 추적하며 수십억 개의 새로운 세포를 만들어내는 동시에, 다른 수십억 개의 세포들을 제거하는 방식으로 매일 스스로 새롭게 거듭나는 과정을 조율한다. 세포가 제대로 작동하지 못해 유기체가 위험에 빠질 때마다 즉각적으로 세포자살이 촉발되고 단일 세포는 그 생을 마감한다. 하지만 늘 그렇듯 이 모든 것이 최선의 결과를 내놓는 건 아니다.

다세포 생명체의 존재는 이기적인 세포와 협력이 필요한 유기체 사이에서 일어나는 불완전한 타협에서 비롯된다. 진화 과정에서 여러 부분이 함께 발전하기 시작하고 얼마 지나지 않아, 주변의 도움은 즐기면서도 공익을 위해서 아무것도 하지 않는 '무임승차자'가 나타난다. 자신은 그 어떤 것에도 기여하지 않으면서 다른 이들의 협력에서 생긴 이득을 취하는 무임승차자들은 다윈주의의 강력한 이점을 챙긴다. 마치 세금은 안 내지만 자신에게 필요한 순간에는 의료보험을 찾는 탈세자와 비슷하다. 그렇기에 우리 신체는 내부에 자체적인 경찰을 구축하지만, 이기적인 세포가 통제를 피해 단세포의 논리로 회귀하려 할 때 문제가 발생한다.

세포자살 명령을 듣지 않는 세포는 암세포다. 통제를 벗어났거나 환경에 영향을 받았거나 유전자에 포함된 돌연변이로 인해 DNA를 복제하는 과정에서 일어난 실수로 탄생한, 끝도 없이 복제하고 기생동물같이 자원을 빨아들이며 둘러싼 모든 환경을 지배하는 무임승차자다. 이들은 유기체의 건강을 책임지는 세포 간 협력체계에 잠입해 파괴하는 반역자다. 이렇듯 위험한 종양은 진화적 전략을 갖고 있다. 이들은 유전적 결함과 산성혈증, 저산소증 그리고 염증의 형태로 자신들에게 호의적인 환경을 만든다. 매우 빠르게 변이해 공격을 피해 포위망을 뚫어내고 마치 무성한 나무처럼 여러 종으로 분화해 가지를 뻗어 나가며, 심지어 면역체계의 경찰들마저 매수해 자기편으로 만들기도 한다.

이처럼 말도 안 되는 것처럼 보이는 암세포의 진화를 설명할 길은 불완전함뿐이다. 암세포는 자신만의 생태적 지위에서 이탈해 숙주를 파괴하면서 결국 자신도 죽는다. 진화적인 측면에서 보면, 이 걷잡을 수 없는 이기심은 정말로 어리석은 짓이다. 공격적으로 행동하고 완전히 정신 나간 듯이 숙주와 함께 목적 없는 죽음을 맞이한다. 게다가 암세포는 생식 능력을 잃은 사람뿐 아니라, 세포 노화나 유전적으로 불안정하며 악성 돌연변이에 취약한 사람이 아니어도 공격 대상으로 삼는다. 안타깝게도 모든 연령대에 걸쳐, 심지어 어린아이들에게도 불행한 영향을 끼친다. 이는 진화가 완벽하지 않고, 불안정하며, (대개 잘 작동하지만 항상 그런 것은 아닌) 불완전한 타협의 산물이라는 것을 고려해야만 이해할 수 있는 모순이다. 원시 단세포와 다세포 체계 사이의 타협이다. 암은 세포 혼자서 모든 것을 해야 했던 순간으로 되돌리는 악의적인 유산이다. 신체의 조절 체계는 완벽하지 않으며 이따금 단세포의 이기심이 다시 수면 위로 떠 오른다. 그러니까 신체와 종양 사이의 싸움은 두 단계 진화 사이의 오래된 전쟁(수억 년 동안 진행된 끝이 나지 않는 전쟁)이다.

미생물의 관점에서

단세포 생명체의 생애가 얼마나 강력하고 회복력이 강한

지 이해하려면, 미생물의 관점에서 진화를 들여다봐야 한다. 이는 정말로 놀랍다. 17세기 후반, 미생물학자 안톤 판 레벤후크(Anton van Leeuwenheok, 1632~1723)가 관찰한 '극미동물들'은 서로 유전자를 주고받으며 말 그대로 어디서나 살아갈 수 있는, 크기가 작고 자가증식하는 단세포 유기체였다. 만약 태양계의 다른 행성 혹은 멀리 떨어진 외계행성에 생명체가 존재한다면, 그 주인공은 이족보행을 하는 뇌가 있는 작은 초록 인간이 아니라 미생물일 것이다. 미생물이 발명한 복잡하고 완벽하지 않지만 원활하게 잘 작동하는 생물학적 나노 장치는 훗날 식물과 동물에게도 전달됐다. 이는 지구에 커다란 생화학 순환을 만들어냈는데, 언젠가는 지구 밖 다른 곳에서 이 같은 과정을 발견할 수 있을 것이다.

미생물이 어디에나 널리 존재한다는 것은 이미 잘 알려져 있다. 오늘날 지구 생물 다양성의 대부분을 차지하는 건 박테리아다. 그리고 지구의 모든 생명체는 앞서 언급한 대로, 적어도 35억 년 전에 살았던 미생물 공통조상에서 유래했다. 그러므로 우리에게 친숙한 동물이 6억 년 전에 나타났다는 점을 고려하면, 생물학적 진화의 역사에서 85퍼센트에 해당하는 기간에 오직 미생물, 정확히 말하자면 고세균, 박테리아 등만이 지구의 주인으로 살았음을 알 수 있다. 지구의 자연사가 복잡성과 지성을 발전시키기 위해 최선을 다했다고 믿는 사람이라면 이 사실은 꽤 충격일 것이다. 하지만 이 복잡성과 지성은 우리가 무엇을 지칭하는지에 따라 달라진다. 심해잠수정은 수십 년 동안 해령의 열수 분출공, 심해저평원 그리고 바닷속 진흙 바닥을 샅샅이 뒤져 이전에는 상상조차 할 수 없었던 독특한 생명체들로 이뤄진 세계를 발견했으며, 생물발광에 의해 어둠이 걷힌 심해에서 수많은 해면동물, 연체동물, 갑각류, 관벌레, 물고기 그리고 유공충을 발견했다. 이들 세계 또한 열대우림에 바글거리는 생명을 시샘할 필요가 없을 만큼 충분히 복잡하고 지적이다.

겉 보기에 단순한 미생물에게 우리가 여전히 빚을 지고 있다는 사실은 이들 생명체가 우리보다 한참 전부터 지구에 살았다는 점 그 이상의 의미가 있다[7]. 대략 24억 년 전(이보다 더 이르진 않았을 것이다), 남세균*은 태양에너지를 활용해 유기물을 만드는 법을 터득했다. 반면, 육상식물은 이 방법을 터득한 지 4억 5천만 년'밖에' 되지 않았다. 이

* 광합성을 통해 산소를 만드는 세균으로, 남조세균이라고도 한다.

른바 산소 광합성, 빛에너지가 물 분자를 쪼개 수소를 만들고, 이산화탄소를 이용해 유기물을 만들어낸 후 그 부산물로 산소를 방출했다. 그러다 완전히 우연한 부작용으로, 이전에는 존재하지 않았지만 반응성이 높고 연소반응을 일으키는 유독 가스(산소)가 대기에 퍼지기 시작했다. 산소는 오늘날 우리에게 생명을 의미하지만 항상 그랬던 건 아니다.

산소는 재앙 같은 혁명, 대산소화 사건(Great oxygenation event)을 일으켰다. 수억 년이 넘는 기간 동안 대기는 산소로 채워졌고, 결과적으로 (우리에게는 다행인 일이지만) 적어도 80만 년은 안정적으로 유지될 21퍼센트의 산소 농도가 만들어졌다. 자외선을 막아주는 오존층도 이 시기에 만들어졌다. 대기에서 메탄 농도가 낮아지면서 지구의 온도도 급격하게 떨어졌다. 그리고 지구는 3억 년 동안 거대한 눈덩이 효과로 인해 변했다. 이 무렵에 이르러 산소가 부족한 조건에서 번성했던 생명체들이 쓸려 사라졌다. 이 생명체들에게 산소는 독이었다. 살아남은 극소수 생명체들이라도 아주 미미한 생물로 밀려났다. 오늘날 이 생명체들은 인간이나 반추동물의 창자에서 발견된다. 산소가 없어도 사는 혐기성 미생물이 자리를 비운 사이, 다른 미생물과 동물들이 산소를 들이마시고, 그 부산물로 물과 이산화탄소를 방출하는 방법을 익혔다. 그리고 이 부산물을 플랑크톤과 식물이 다시 흡수했다. 생화학적 통제가 어우러진 거대한 순환으로 요동치는 기후 속에서 살아남은 미생물과 플랑크톤은 우리가 오늘날까지 살아남을 수 있게 해준 환경을 만들어냈다. 이렇듯 기본적으로 지구를 우리가 살아갈 수 있는 곳으로 만든 건 미생물들이었다.

미생물이 없었다면 우리가 지구에서 살아가지 못했을 것이라는 또 다른 근거가 있다. 미생물 사이의 공생관계로 탄생한 진핵세포가 처음으로 등장한 건 대략 27억 년 전이었다. 원리는 단순하다. 만약 아무것도 없는 상태에서 무언가를 만들어낼 수 없다면, 이미 존재하는 것을 재조합하면 된다. 어떤 세포는 다른 세포에 흡수되거나 편입돼 더 복잡한 세포를 형성했는데, 이 세포들은 오염으로부터 DNA를 보호하기 위한 핵과 내부에 여러 작은 기관을 가지게 됐다. 특히 동물과 식물 세포의 에너지를 생산하는 미토콘드리아와 엽록체는 흡수된 후로도 흡수한 세포와 공생관계를 유지한 세포들로, 오늘날에도 여전히 자신들의 원래 DNA를 지니고 있다. 이는 훗날 첫 다세포 군집의 반복적인 진화로 성공을 거뒀던 세포 간의 협력을 보여준 초기 사례다. 즉, 우리의 몸을 이루는 모든 세포는 독립성을 포기한 원시 세포들의 숙주다.

공생과 대립 사이를 오가는 이 흐름은 오늘날 우리가 어떻게 미생물들과 함께 살아가는지 잘 보여준다. 우리의 피부, 입 그리고 코 안에는 미생물 수십억 마리가 거주해 있으며, 장에도 어마어마하게 다양한 박테리아, 고세균, 바이러스, 곰팡이가 살고 있다. 사람들은 태어나면서부터 부모에게서 혹은 환경에서 몸속 미생물 생태계의 대부분을 차지하는, 이름조차 알려지지 않은 1만 종 이상의 미생물을 받아들이는데, 이 미생물들은 사람마다 조금씩 다르지만 대체로 전형적인 특징을 갖는다. 우리 몸속의 '미생물군' 덕에 우리는 놀라울 정도로 다양한 물질을 섭취할 수 있고, 완전히 잘 굴러가는 대사 과정과 건강한 면역 체계를 갖출 수 있게 됐다. 놀랍게도 최근, 이 미생물들이 제 역할을 하지 못하면 당뇨병을 일으키거나 신경퇴행성 질환을 일으킬 수 있다는 사실이 밝혀졌다.

간단히 말하자면, 우리의 몸은 불안정한 평형상태를 이루며 미생물 수십억 마리가 함께 사는 복잡한 아파트라 할 수 있다. 자연에는 항상 좋은 것과 나쁜 것이 공존하며 완벽한 적이 없었다. 어떤 미생물들은 우리가 살아가는 데 도움을 주는 반면(공생관계의 유익균), 어떤 미생물들은 큰 해를 입히지 않으면서 우리를 이용하고(무해한 기생충), 몇몇은 우리를 감염시켜 아프게 한다(병원균). 게다가 어떤 미생물들은 처음에는 해를 끼치지 않지만, 시간이 흐르면서 병원균으로 변하기도 한다. 그리고 우리가 아직 그 역할을 발견하지 못한 미생물도 많다. 그런데 여기서 끝이 아니다. 우리 몸은 혼자가 아니다. 우리는 '통생명체(Holobiont)*'다. 결국 미생물에게 우리 포유류는 완벽한 서식지와 매개체이기에 진화적인 측면에서 우리는 다른 생명체의 관점으로 세계를 바라봐야 한다. 식단, 위생 그리고 자연과의 부족한 접점으로 산업화 국가에 사는 사람들의 몸속에 미소 생물군의 다양성이 줄어들고 있다. 이런 탓에 몇몇 과학자들은 우리 주변에 있는 생물보다 훨씬 다양한 선주민들의 장내 미생물을 보호하기 위해 국제 바이오뱅크인 거대한 노아의 방주를 만들어야 한다고 주장하기도 한다[8].

우리의 인간중심주의(그리고 동물중심주의)에 흠집이 난다고 하더라도 미생물과 우리 사이에 놓인 놀라운 불균형을

* 홀로비온트. 한 생명체를 규정할 때 그 개체에 공생하는 다른 생명체를 묶어서 생각하는 개념이다.

인지해야 한다. 어마어마한 생물량을 지닌 미생물이 없다면 우리는 존재할 수 없지만, 미생물은 우리 몸을 이루는 다양한 종류의 세포, 조직 그리고 기관의 야단스러운 조합을 별로 필요로 하지 않는다. 그들 대부분은 산소나 빛이 없는 환경 또는 고온, 고압, 염분 농도가 높은 환경 혹은 암석 내부와 같은 극한의 조건에서도 생존한다. 만약 태양에너지가 없다면 이들은 무기물질을 사용하는 화학합성을 선택할 것이다. 이들이 태양계 전반을 돌아다닐 수 있다면 화성, 유로파의 바다, 타이탄의 사구에도 잘 적응할 수 있을 것이다. 우리는 항생제로 미생물의 접근을 차단하는 법을 배웠다(그 여파로 미생물군이 대폭 줄었다). 하지만 미생물은 빠르게 변이를 일으키며 항생제 저항성을 지니게 됐다. 인류의 장엄함과 완벽함에 대해 생각할 때면 미생물을 떠올리자. 미생물은 우리가 존재하기 전부터 지구에 있었으며, 지구를 화학적으로 바꿔놓았고, 우리는 미생물 없이 살아갈 수 없다. 그리고 모든 지표에서 알 수 있듯이 미생물은 호모 사피엔스가 종말하고 난 후 한참이 지나서도 계속 지구를 지배할 것이다. 미생물학자 존 L. 잉그래햄(John L. Ingraham, 1924~)이 말했듯이 "미생물은 우리의 창시자이자 발명가이자 수호자"다[9]. 그중 일부는 우리의 적군이 돼 우리의 목숨을 위협할 것이다. 끔찍한 팬데믹을 겪고 난 다음에야 그 정확한 의미를 알게 됐다. 하지만 우리는 우리 자신이, 오랜 기간 구축되고 발전된 세계를 가장 나중에 찾아온 불청객임을 기억해야 한다.

성(性), 그 밖의 여러 재앙

미생물은 또 다른 위험한 발명품인 성을 만들어내기도 했다. 만약 일반적인 돌연변이 그 이상으로 유전적 다양성을 확대하고 싶다면 두 유기체의 유전자를 섞으면 된다. 미생물의 성은 효과적인 동시에 합리적이다. 세포질 다리(Cytoplasmic bridges)*와 그 밖의 다른 작동 체계를 통해 직접 유전자를 수평적으로 교환할 수 있다. 한편, 다세포 생명체인 우리는 우리를 무수한 불완전함으로 내모는 훨씬 위험한 방법을 선택했다.

성관계는 흥미롭지만 대가를 치러야 한다. 구애, 방해, 짝짓기 그리고 양육을 하는 데 어마어마한 에너지가 필

* 세포간교. 두 세포 사이에 연결된 일종의 물리적 구조로, 이를 통해 두 세포는 유전자 물질을 서로 교환할 수 있다.

요하다. 이는 스스로 음식을 찾아 먹거나 포식자를 피하는 일처럼 살아가는 데 중요한 여러 활동에 쓰여야 했을 에너지가 다른 곳에 사용되는 것이다. 실제로 어마어마한 숫자의 생물종이 이런 불편함을 피해 가능한 한 성관계를 피한다. 예를 들어, 식물은 꺾꽂이로 잎눈을 만들 수 있으며, 수많은 파충류도 단위생식(Parthenogenesis)*을 통해 번식하고 자기 자신을 복제하기도 한다. 이 모든 방법은 빠르고, 고통이 없으며, 비용이 덜 든다. 하지만 여기에는 한 가지 치명적인 문제가 있다. 다양성을 만들어내지 못한다는 사실이다. 부모와 똑 닮은 자녀는 결코 이상적이지 않다. 그렇기에 DNA는 뚜렷한 성별을 만들어냈다.

암컷과 수컷은 자신을 닮았지만, 완전히 똑같을 수 없는 새끼를 낳기 위해 자신들의 유전자를 뒤섞고 재조합한다. 그러니까 새끼들도 서로 완전히 똑같을 수 없다. 기억할지 모르겠지만 다양성은 진화의 연료다. 그러므로 다세포 생명체가 탄생할 때 유성생식과 무성생식이라는 대체할 수 있는 두 가지 전략이 한꺼번에 경쟁했으리라 추측할 수 있다. 자손들이 모두 자신의 복제체(Clone)라면 번

* 수컷의 정자에 의한 수정 없이 암컷이 자신의 세포 두 개를 융합해 배아를 만드는 생식이다.

식은 쉽겠지만 질병의 위험에 노출되기도 쉽다. 전염병이 덮치면 다음 세대는 하나도 남김없이 전부 휩쓸려 사라질 것이다. 반대로, 유성생식을 선택한 생물종은 부모와 다른 유전자를 지닌 자손을 만드는 데 비록 훨씬 더 많은 에너지가 필요하겠지만 다른 커다란 이점을 챙길 수 있다. 질병이 급습해 자손 중 일부에게 영향을 미치더라도 유전적 다양성 때문에 그중 일부는 저항성을 지니거나 면역력을 지닐 것이다. 그러므로 그들의 종은 안전하게 보존된다.

이를 증명하듯이, 오늘날 유성생식과 무성생식이 모두 가능한 종들은 안정된 상황에서는 무성생식을 선택하지만, 외부 위협이나 환경적 스트레스가 있을 때는 다시 유성생식을 선택한다. 이렇듯 성은 각 세대에게 다양성을 불어넣어 주기 위해 DNA를 사용하는 전략이며, 자연의 다양성은 생명과 미래를 위한 보험이다. 생명체들의 다양성이 높아질수록 병원체의 공격에 잘 저항할 수 있기에 더 건강해질 것이다. 반면에 복제체는, 만약 부정적인 돌연변이 인자를 단 한 번이라도 얻게 된다면 아주 긴 세대에 걸쳐 고통으로 간직하고 살아야 한다. 성은 6억 년 동안 바이러스와 세균들로부터 우리를 지켜준 천연 백신이다. 이 이야기에서 얻을 수 있는 교훈은 다양성이 중요하다는 것이다. 세계를 표준화하고, 복제체를 배양하며, 단일품종만 재배하는 것, 또 같은 언어로만 소통하고, 한 가지 방식으로만 생각하는 건 그다지 좋은 생각이 아니다.

그렇지만 성은 불완전한 허점도 많다. 성별이 생기면 더는 혼자서 편안하게 번식할 수 없다. 성관계를 위해서는 다루기 어려운 이성 상대에 의지해야 하기 때문이다(덩치 크고 근육질이며 성미 고약하며 게다가 뒷다리 사이에 거슬리는 가짜 성기를 가진 암컷과 교미를 해야 하는 점박이하이에나 수컷을 보라)*. 신체적인 활동을 할 때 에너지 소모가 많고 위험한 것과 별개로 성은 수컷과 암컷 사이의 불균형을 일으키기도 한다. 수컷은 수백만 개의 생식세포를 만들어냄에도 대부분 흔적도 없이 사라진다. 하지만 암컷은 생식세포를 한정된 숫자만 만들어낸다. 영양가가 높고 가치가 높으므로 낭비돼서는 안 된다. 게다가 암컷은 보통 번식하는 데 필요한 비용과 새끼를 양육하는 데 필요한 대부분을 감당해야 한다. 반면, 수컷은 몇몇 예외를 제외하면 새끼를 양육하는 데 거들떠보지도 않는다.

* 특이하게, 점박이하이에나는 암컷이 수컷보다 대체로 10%가량 크며, 암컷의 음핵이 수컷의 생식기처럼 발달해 있어 겉으로는 암수를 구별하기 어렵다.

결과적으로 암컷은 선택하는 처지, 수컷은 선택당하는 처지에 놓인다. 그렇기에 수컷은 다른 수컷과의 싸움에서 이기거나 화려한 장식과 과시 행위로 암컷의 환심을 사야 한다. 수컷이 많은 에너지와 정성을 들일수록 암컷을 얻을 확률이 더 높아진다(이는 수컷 구애자에게 높은 허들이 된다). 이런 방식으로 미래의 어미는 수컷이 더 건강하고 강해야 한다는 교훈을 얻게 될 것이다(이 모든 노력을 쏟아부은 후에도 살아남는다면 그 수컷은 운이 좋거나 강한 개체일 테니). 즉, 자연에서 수컷은 종종 터무니없는 행동을 하면서도 살아남는 불완전함의 챔피언이 돼야 한다. 그렇기에 진화는 성관계를 쾌락으로 둔갑시켜 이를 장려했을 가능성이 있다. 정확히 말하자면, 이 모든 위험과 부족함을 보상하기 위해서다.

불완전함의 챔피언

심해아귀의 기생 파트너(심해 구덩이에서 거대한 암컷 한 마리의 피부에 열댓 마리의 작은 수컷이 달라붙어 생식선生殖腺을 제외한 모든 장기를 빌려 사용하는 특이한 물고기로, 수컷은 사실상 '움직이는 고환' 역할만을 한다. 어둡고 광활한 바다에 서식하며 짝을 만나고 싶은 심해아귀 수컷이라면 과할지라도 꽉 붙잡고 있는 편이 나을 것이다)부터 짝짓기가 끝나자마자 혹은 짝짓기 도중에 잡아먹히는 (최악의 결혼선물이라 부를 만하다) 수컷 사마귀와 다양한 거미까지 자연에서 수컷들에게 닥치는 공포는 다양한 곳에서 찾을 수 있다. 꼬리를 한껏 치켜든 수컷 공작이나 거대하고 멋진 뿔을 자랑하는 사슴도 떠올릴 수 있다.

그런데 사람은 유전적으로 불완전하기까지 하다. 여성의 성염색체는 XX로 한 쌍의 대칭인 반면, 남성의 성염색체 Y는 X와 쌍을 이루지 못하기에 재조합(또는 갱신)하지 못한다. 어떤 생물학자들은 돌연변이가 드물기에 천천히

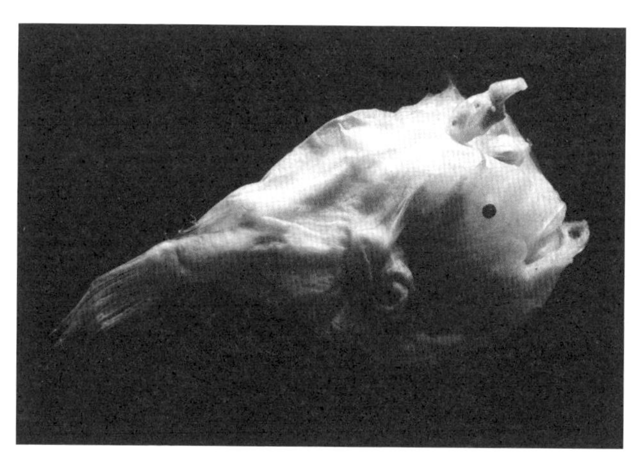

심해아귀 암컷에 달라붙은 수컷의 모습. 수컷은 작고 기생적인 생활을 하며, 암컷의 몸에 붙어 영양분을 흡수하고 생식 역할만 수행한다.

소멸해가는 과정이라 주장하기도 한다. 물론, 남성은 훨씬 앞서 절멸을 경험할 뻔했다. 그것도 정말 얼토당토않은 과정으로. 실제로 사람의 유전자 정보를 분석한 결과, 7천~5천 년 전 그사이 어느 즈음에서 Y염색체의 다양성이 줄어든 대규모 '병목현상(Bottleneck)'을 겪었다는 사실을 발견했다. 이는 유라시아와 아프리카에 있었던 남성의 수가 이 시기에 곤두박질쳤다는 뜻이다. 연구진은 이때 남성의 인구가 2천만 명에서 1천만 명으로 절반가량 줄어들었으리라 추정한다. 이렇게 어마어마한 규모로 번식 가능한 남성이 사라진 이유는 무엇일까?

진화 과정에서의 유전적 병목현상은 보통 개체 수를 눈에 띄게 줄이는 환경적 방해 요인이 많아지면서 생긴다. 하지만 남성만 대대적으로 학살당할 정도로 선택적인 환경 재앙은 알려진 바가 없다. 어쩌면 이는 한쪽 부모에게서만 전염되는 특이한 감염병이 유행하면서 신생아 중 남아 사망률이 폭발적으로 늘었기 때문은 아닐까? 혹은 농업과 목축 사회에서의 심한 사회적 불평등으로 인해 일부다처제가 생겨났고, 그 때문에 소수의 남성만이 다수의 여성들과 번식하면서 유전적 다양성이 위협받은 건 아닐까? 그도 아니라면, 신석기 시대 초기, 주로 남성으로 구성된 농부와 양치기 무리가 이곳저곳 이주하면서 제한된 수의 여성과 번식하면서 유전적 병목현상을 일으킨 건 아닐까?

최근 몇몇 전문가들은 인류학, 고고학, 유전자 정보를 한데 합친 수학적 모형을 바탕으로, 이색적이지만 충격적인 각본을 제기했다. 유전적으로 동질적인 부계 집단이 서로 강력하게 경쟁하면서 그 결과로 소수만이 살아남았고, 전투에서 패배한 남성들과 전체 부족이 학살당하며 그들의 Y염색체도 함께 사라졌다는 것이다. 실제로 서로 학살하며 대개 남성인 적군을 포로로 만드는 대신에 멸종의 위험에 빠지게 했다[10]. 정말 호모 사피엔스다운 행동이다.

실제로 이런 일이 벌어졌다면, 적어도 수천 년 동안 남성은 사회에서 자신의 테스토스테론 농도를 관리하는 데 애를 먹었을 것이다. 그러므로 땅 쪼가리(혹은 다른 부족의 여성)를 정복하기 위해 씨족 간에 터무니없는 전쟁을 벌이고 대학살을 자행함으로써 아찔한 유전적 병목현상을 일으켰다는 뜻이 된다. 자신도 상처를 입으며 나머지 세계를 몰락시키는 과정에서 공작처럼 목에 힘주고 다니는 일은, 고작 자신의 목숨 정도만 건사할 수 있는 불완전한 생명체인 남성의 뿌리 깊은 진화적 특권처럼 보이기도 한다.

영원히 불안정할 수밖에 없는 남성을 조금 변호하자면, 이들은 적어도 수백만 년 동안 지옥을 경험해왔다. 포유류에게서는 굉장히 드문 일이지만 여성의 배란기가 언제인지 알 수 없었으므로, 남성은 자신의 배우자가 언제 아이를 가졌는지 그리고 더 중요한 부분인, 정말 그 아이가 자신의 아이가 맞는지 확신할 수 없었다. 남성이 할 수 있는 건 밤낮으로 배우자를 지켜보며 평생을 배신의 두려움 속에서 살아야 하는 것뿐이었을 것이다. 이는 의외로 다른 종에서는 흔하게 관찰할 수 있는 사실이다. 백조 같은 종은 암컷과 수컷이 겉으로 보기에 완전히 똑같다. 게다가 완전히 일부일처제로 살아가기에 수컷은 암컷의 선택을 얻어내야 하는 경쟁에 뛰어들 필요가 없다. 이들은 배우자를 선택하고 평생을 약속한다. 그러나 진짜 그럴까? 실제로 과학자들이 백조의 알을 대상으로 유전자를 조사한 결과, 백조 무리에는 거의 항상 사생아가 끼어 있다는 사실을 밝혀냈다. '바람'을 피운다는 증거였다. 그러므로 일부일처제를 한다고 해서 외도를 완벽하게 막을 수 있는 건 아니다. 결국 약간의 바람기는 진화의 유전적 다양성을 늘려준다! 안타깝지만 바람은 진화론적 관점에서 좋은 현상일 수 있다.

가능성의 세계

불완전함은 모든 것을 있는 그대로 볼 수 있게 할 뿐 아니라 그것들의 변화까지도 볼 수 있게 한다. 지난 6억 년 동안, 특히 이전 20억 년 동안의 중요한 발명들(광합성, 진핵생물, 다세포 유기체, 세포 사멸 그리고 성)이 실제로 적용되기 시작했다. 이러한 변화들은 형태적 완벽함보다는 생명의 다양성 증가에 중점을 두면서 진화의 속도를 높였다. 가혹했던 빙하기가 끝나고 대기 중 산소 농도가 다시 증가하면서, 다세포 유기체들은 열린 유전적 가능성을 탐색하기 시작했다. 이에 따라 다양하고 독특한 신체구조들이 빠르게 등장하기 시작했다. 우선, 에디아카라기(Ediacaran period)로 들어서며 편평한 형태의 신비로운 동물상과 '수목' 식물상이 폭발적으로 늘어나기 시작했는데, 해면류, 해파리, 산호의 조상이 이 당시에 등장한 듯 보인다. 하지만 그 외의 다른 생명체들은 완전히 멸종했다. 그 후 캄브리아기(Cambrian period)에 이르면서 지구상에서 가장 이상한 형태의 생물종이 폭발적으로 늘어났다. 먹잇감과 포식자 할 것 없이 매우 다양한 신체 조합(눈, 입, 머리, 항문, 팔다리, 더듬이, 발톱, 방어구, 대칭, 절지된 구조)을 특징으로 한, 마치 SF영화에서나 등장할 법한 괴수 같은 생명체들이 우후죽순 등장했다.

5억 2천만 년 전, 캄브리아기 바다에는 이미 멸종해버린 조상과 여전히 지구에 서식하는 주요한 동물군의 거리가 먼 친척을 포함해 어마어마하게 다양한 종이 존재했다. 우리는 그중 어느 종이 진화적 막다른 길에 도달했는지 그리고 그들이 곤충, 갑각류, 거미 혹은 척추동물의 조상이었는지 절대로 알지 못할 것이다. 훨씬 더 나중인 3억 7천만 년 전의 데본기(Devonian period) 말, 조심스럽지만 닥치는 대로 육지에 적응하기 시작한 이례적인 육기어류(Sarcopterygii)*처럼 다양한 동물군이 새로운 생태적 환경을 맞아 다방면으로 진화적 가능성을 타진하며 생존 방법을 터득하기 시작했으나, 그마저도 극히 일부만이 살아남았다.

우리가 정말 이 원시 동물들의 구조 원리를 밝혀내고 싶다면, 이 원리가 단순히 기계적인 최적의 조합이 아닌 먹이를 구하는 전략적 목적으로 세분화된 기능적 실험이었다는 점을 기억해야 한다. 이들은 한동안 발전과 생존

* 살 지느러미를 가진 동물로, 물에 살던 동물이 육지로 올라오는 과정에 있는 과도기적 구조를 지니고 있다. 현존하는 사지동물(양서류)의 시조 격에 해당한다.

에 우호적인 세계를 자유롭게 만끽했다. 이후의 시기와 달리 이 시기에 이들은 각기 다른 형태로 진화하며 당면한 문제를 해결하는 방안에 몰두할 수 있었다. 이 시점에 이르러 불완전한 진화는 다양성(방사형)의 시기, 성대한 안정기(석탄기, Carboniferous period), 급격한 종의 감소(대멸종) 시기를 번갈아 맞이하며 진행됐다. 극단적으로 종이 감소한 경우는 항상 대규모 화산 폭발, 소행성 영향, 대륙 이동 그리고 급변하는 기후 같은 유기체의 적응력과 거의 무관하게 대규모 생태적 변화로 인해 촉발됐다. 자비 없는 행성으로서 지구는 주기적으로 취약한 생명체를 한순간에 날려버렸다.

그러나 이 취약성은 매번 보기 드문 회복력으로 탈바꿈됐다. 대멸종이 일어난 후, 결코 그 결과가 정해지지 않은 몇 안 되는 생존자들은 비어 있는 생태적 틈새를 잘 파고들어 이전보다 훨씬 더 다양해졌다. 생명체들은 불완전할 뿐만 아니라 고집스럽기까지 하다. 이런 고집은 2억 5,200만 년 전의 페름기(Permian period) 말에 벌어진 최악의 대멸종 후에 두드러지게 드러났다. 이때 모든 종 가운데 90퍼센트가 엄청난 용암 폭발로 멸종됐다. 그러나 살아남은 생존자들(여기에는 상식적인 도박사라면 1원 한 푼 걸지 않았을 리스트로사우루스*Lystrosaurus*라 불리우는 조잡한 포유류를 닮은 파충류도 포함돼 있다) 덕분에 생물 다양성의 회전목마는 천천히 다시 돌기 시작했다.

대멸종에서 살아남았다고 해서 반드시 환경에 잘 적응한 종이라고 말할 수는 없다. 사건이 너무나 갑작스러워 적응할 시간조차 없었다. 어느 때는 다양한 먹이를 섭취하며 다른 환경에 잘 적응하는 잡식성 동물이 생존했지만, 때때로 단순히 운 좋게 적절한 시기와 장소에 있었던 동물도 살아남았다. 2억 200만 년 전, 트라이아스기(Triassic period) 말에 일어난 멸종은 당시의 거대하고 괴물 같은 파충류 대부분을 사라지게 했다. 이 사건은 쥐라기(Jurassic period)에 등장한 공룡들에게 점차 숫자를 늘릴 기회를 제공했으며, 이들은 이후 백악기(Cretaceous period)가 끝났던 6,600만 년 전까지 세계를 지배했다. 하지만 이전 재앙을 견뎌낸 행운의 생존자들은 결국 다음 재앙의 희생자가 됐다.

지난 5억 년 동안, 폭발적인 복사(Radiation)와 같은 극적인 생태적 위기가 반복됐는데, 이러한 현상들은 다양하고 예측할 수 없는 지구상 생명체의 진화를 특징지었다. 불완전한 행성에서 살아가야 하는 불완전한 생명체들이,

오히려 그 불완전함 덕분에 독창적으로 발전하고 번성할 수 있었다. 이 모든 것은 생물학적 기준으로 보면 비교적 '최근'의 역사에 해당한다. 몸집이 작고, 번식력이 높으며, 잡식성이며, 이동성을 가진 야행성 정온동물이 겨우내 씨앗을 숨겨두는 습성을 가졌다고 해서 반드시 생존에 완벽했다고 볼 수는 없다. 이 작은 동물들은 실제로 1억 년 동안 공룡이 지배하던 세계를 피해 변방에서 지내야 했다. 하지만 운 좋게도, 몸집이 작은 이 포유류들은 비행 능력이 없는 모든 공룡을 멸종시킨 백악기의 긴 밤을 견뎌내며 생존에 성공했다. 이로 인해 그들은 완벽한 생존자가 될 수 있었다. 날아다니는 공룡들은 오늘날 1만여 종의 조류로 여전히 존재하지만, 거대한 척추동물이 차지하던 생태적 지위는 이제 포유류의 몫이 됐다. 큰 충격 이후, 모든 중대한 변화는 육지, 공중, 수중 생활에 적응한 크고 작은 포유류, 유대류* 그리고 태반을 가진 동물들에게 새로운 기회를 가져다줬다. 우리는 마치 다른 세계의 종말에서 살아남은 어린아이와 같다. 만약 다른 방향의 이탈(클리나멘)이나 변화가 있었다면, 우리 호미닌은 오늘

* 포유류의 한 갈래로, 포유류이지만 태반이 없거나 불완전하며, 어린 짐승은 완전히 성숙되지 않은 채로 태어난다. 캥거루를 생각하면 이해하기 쉽다.

날 이에 관해 이야기조차 나눌 수 없었을 것이다.

하지만 아프리카에서 300만~200만 년 전 다른 호미닌과 함께 나타난 이족보행을 하는 지능적인 영장류(즉, 불완전한 진화로 인한 결과)로서, 우리는 우리 자신을 단순히 운 좋은 창의적 존재로 여기기 전에, 먼저 우리 주변의 흉터들을 살펴봐야 한다. 그리고 자연 속에 존재하는 불완전함과 최적화되지 않은 특성을 규명하는 법칙을 파악하기 위해 이 흔적들을 파헤쳐야 한다.

여기에는 한 가지 고민해야 할 문제가 있다. 다양한 종류의 책과 다큐멘터리에서 생물권의 놀라움을 시적으로 묘사하곤 한다. 물론 그 자체는 문제가 아니다. 장엄한 공중 촬영과 드론으로 가까이 다가가 찍은 장면들은 인간의 개입을 견디고 남아 있는 몇 안 되는 생태계의 아름다움을 보여준다.

고산지대의 구름 숲이 어우러진 열대우림, 혹등고래의 노래 같은 울음소리, 먹이를 순식간에 삼키는 한 쌍의 턱을 가진 곰치의 입, 발톱벌레*의 독특한 사회적 행동과 성

* 다지류처럼 다리가 많고 몸이 길며 말랑말랑한 몸통을 가지고 있다. 주둥이에 있는 분비선에서 거미줄 같은 점액을 뿜어 먹이를 속박하는 방식으로 다른 곤충 등을 사냥한다.

적 특징, 사람 몸의 작은 틈새로 침투하는 회충의 움직임, 극한 환경에서도 살아남는 곰벌레, 잠자리의 눈, 박쥐의 날개, 하늘을 나는 가죽날개원숭이, 마귀상어의 전기 감지 능력, 앵무조개의 부력 조절과 제트 추진 능력, 조용히 먹이를 사냥하는 올빼미의 비행, 침과 독에 면역력을 가진 벌꿀오소리, 눈표범의 타고난 우아함이란 그야말로 신비롭다. 이러한 장면들은 넋을 빼앗을 만큼 빠져들게 한다. 어디 그뿐일까? 자기장을 활용해 수천 킬로미터를 헤엄쳐 건너가는 장수거북의 놀라운 방향감각, 바위에서 암컷을 찾기 위해 뱀처럼 길게 뻗은 따개비의 생식기, 주변 환경의 변화를 감지할 수 있는 섬세한 거미의 털, 파란고리문어의 치명적인 신경독에 관한 경이로움까지, 어떻게 감탄하지 않을 수 있을까?

자연의 위대함에는 끝이 없다[11]. 이 모든 것들은 생존, 번식 그리고 짧은 존재의 순간을 최대한 활용하는 데 필요한 매우 효율적인 수단들이다. 그러나 가장 경외할 만한 진화의 작품들 뒤에 있을지 모를 어두운 면, 갚아야 할 빚, 남겨진 흔적을 고민해야 한다. 이제, 자연이 완벽할 거라는 직관에 의문을 제기할 때가 됐다.

CHAPTER 3

불완전함이 작동하는 법

다음날, 그들은 잔해의 한구석에 숨겨진 몇몇 식량을 발견하고 조금이나마 힘을 회복했다. 그 후, 그들은 다른 사람들과 함께 죽음에서 살아남은 주민들을 구호하기 위해 노력했다. 일부 시민들은 감사의 표시로 그들에게 저녁 식사를 제공했다. 식사는 슬펐고, 그들의 눈물로 빵을 적셨다. 하지만 팡글로스는 그들을 위로했다. 상황이 다르게 될 수 없었을 것이라며 이렇게 말했다. "이 모든 건 최선을 위한 걸세. 리스본에 화산이 있다면, 그건 다른 곳에 있을 수 없지. 상황은 그것들이 일어나야 할 곳에서 일어나고, 모든 건 최선의 상태에 있을 뿐이라네."

볼테르, 『캉디드 혹은 낙관주의』

큰뿔사슴(*Megaloceros giganteus*)*은 9천 년 전에 멸종했다. 물론 이 동물은 엘크도 아일랜드 출신도 아니다. 사실 큰뿔사슴은 북극 가까운 지역에 서식했던 거대한 사슴의 일종이다. 시베리아부터 북아프리카에 이르기까지 광범위한 지역에 여러 종이 남아 있었지만, 아마 아일랜드에 가장 마지막까지 남아 있었던 탓에 이런 부정확한 지리적 명칭을 얻게 된 듯하다. 큰뿔사슴의 수컷은 몸집이 유난히 크고 뿔에 가지가 많았다. 그 폭이 최대 3.65미터에 이르렀으며 매년 새로 자랐다. 이는 상당한 에너지 소모를

* 메갈로케로스. 영어권 나라들에서는 '아일랜드 엘크(Irish elk)'라고 부르기도 한다.

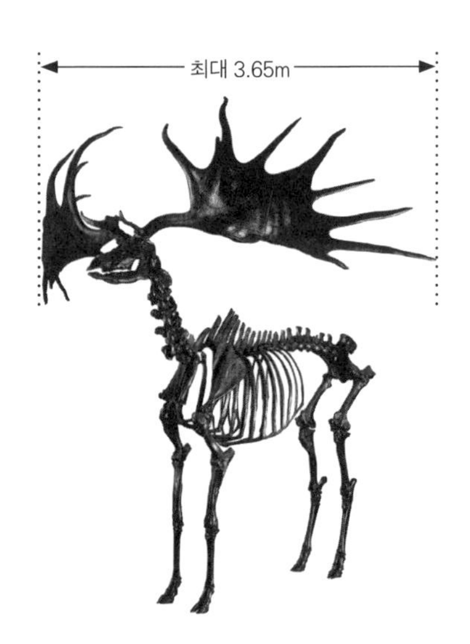

아일랜드 국립박물관에 소장 중인 큰뿔사슴 수컷의 뼈대. 큰뿔사슴 수컷의 뿔은 진화의 불완전함을 잘 보여주는 사례다.

의미했는데, 그 목적은 다른 수컷들보다 우위를 점해 암컷에게 접근하는 것이었다. 즉, 성 선택(Sex selection)*이었다. 뿔은 큰뿔사슴의 '상징'이었으며, 최대한 많은 암컷을 유혹하고 다른 수컷들과 싸우지 않고도 상처를 입히지 않는 방식으로 번식 성공률을 높이는 적응이었다. 그러나 큰뿔사슴이 그토록 번식에 잘 적응했다면 도대체 왜 멸종했을까?

* 생존에 필수적이지 않지만, 번식에 유리한 특성으로 종의 진화에서 자연선택과 함께 중요한 역할을 한다.

큰뿔사슴과 불완전함의 첫 두 가지 규칙

기능적으로 진화의 과정을 최적의 완벽함으로 간주하고 이해하려는 사후가정은 우리를 수렁으로 빠뜨리곤 한다. 소파에 앉아 자연 다큐멘터리를 고화질로 감상하고 있노라면, 활기 넘치는 우리의 세계가 모든 면에서 적합한 의미와 기능을 갖고 있으며, 자연의 법칙에 따라 제각기 다른 역할을 수행하는 거대하고 조화롭게 균형 잡힌 체계라고 느끼기 쉽다. 치타가 달리는 모습을 볼 때 완벽함을 떠올리지 않을 사람이 있을까? (하지만 다큐멘터리는 치타가 숨을 몰아쉬고 난 직후 모습을 보여주지 않는다. 치타가 먹이의 목을 물지 않았다면, 진이 빠진 채로 가만히 그늘에 누워 있기만 했을 것이다.) 포식자는 포식자로서, 피식자는 피식자로서 각자의 역할을 하고, 고목은 이 모습을 지켜보는 배경 역할을 한다. 다양한 결과를 얻기 위해 한쪽은 뒤를 쫓고 다른 한쪽은 달아난다. 하지만 이런 상황이 계속 벌어진다면 모든 것이 이미 다 완성된 것이기에 진화는 일어나지 않을 것이다. 아낌없이 주는 자연의 장관은 수천 년 동안의 생물학적 평화와 지혜의 산물이라기보다 모든 것에 영향을 받은 대격변, 불균형 그리고 불완전한 시대의 산물이다.

예를 들어, 자연 다큐멘터리에서는 유전적 부동(Genetic drift)*으로 우연히 만들어진 다양성과 형질의 중요성이 과소평가되곤 한다. 소규모 집단이 새로운 서식지로 이주하거나 격리되는 상황에서 발생하는, 이른바 창시자 효과(Founder effect)는 개체 수가 적은 집단에서 흔히 발견된다. 이는 생태적 교란이나 갑작스러운 병목현상이 발생했을 때도 나타날 수 있는데, 원래 집단의 유전적 다양성을 대표하지 않는 소수 개체의 유전자가 새로운 집단의 유전적 구성을 지배하게 되는 현상이다. 유전적 다양성이 취약해짐에 따라, 우연히 발생한 유전적 변이가 집단에 큰 영향을 끼치게 되는 것이다. 그런데 이 같은 우연한 진화 과정은 적응이 아닐뿐더러 자연선택과도 무관한, 단지 역사적 사건에 불과하다. 결국, 우리가 보는 다큐멘터리에는 자연의 수많은 모습 중 극히 일부만이 담겨 있는 셈이다.

당연한 말이지만, 이러한 불완전함과 우연성은 어떤 유기체의 생존과 번식에 지장을 줄 정도로 강력해져서는 안 된다. 번식이 안 된다면 유전자를 다음 세대로 전달할 수 없기에 불완전함도 사라질 수밖에 없다. 과거에 어떤 사

* 개체군 크기가 작은 집단에 어떤 사건, 이를테면 산불, 홍수, 가뭄, 냉해 등 사건으로 인해 특정 대립 유전자의 빈도가 급격하게 증가하거나 감소하는 현상을 이른다.

람들은 거대한 뿔을 가진 탓에 큰뿔사슴이 숲속 나뭇가지에 걸려 죽어가는 모습을 상상했다. 또한 그것이 원인이 돼 멸종 위기를 초래했을 것이라고 말하기도 했다. 사실, 이렇게 스스로 멸종에 이르게 할 정도로 위험한 신체 구조와 행동을 적극적으로 진화시킨 동물은 거의 없었다(어쩌면 유일하게 '스스로를 위협하는' 종으로 꼽을 수 있는 경우는 역설적이게도 호모 사피엔스일 것이다. 하지만 이 부분은 이 책의 마지막 장에서 들여다볼 것이다). 엄밀히 말하자면, 큰뿔사슴은 커다란 뿔 때문이 아니라 뿔이 있었음에도 멸종했다. 마지막 빙하기가 끝나면서 큰뿔사슴의 생존에 호의적이지 않은 급격한 기후변화가 일어난 것이다. 그들의 큰 뿔은 이전까지는 유용했지만, 주요 먹이원이었던 식물의 분포를 포함한 환경적 변화로 인해 생존의 걸림돌이 됐다(이 멸종에 사람의 영향이 미치지 않았다고 가정하자).

여기에 핵심이 있다. 자연사에서는 과거의 성공 요인이 오늘날의 실패 요인으로 뒤바뀔 수 있다. 큰뿔사슴 수컷의 눈부신 뿔은 그 자체로도 완벽하지 않았을 뿐만 아니라, 어느 순간에는 역효과를 낳았다. 비용이 너무 많이 드는 수컷들의 사치품이었다. 이로써, 큰뿔사슴의 멸종으로부터 자연에서의 불완전함을 설명하는 첫 두 가지 법칙을 도출할 수 있다. 첫 번째는 지극히 평범하다. **돌연변이, 유전적 부동, 대멸종, 우연한 사건 그리고 어쩌면 빠르게 일어난 생태적 대격변의 형태로 우연은 예상치 못한 순간에 진화의 법칙으로 변한다. 그 결과, 이전에는 큰 혜택이었으며 자연선택으로 잘 조절됐던 것들이 약점이나 위험한 불완전함으로 변한다.** 요컨대, 완벽해 보이는 것은 우리가 어떻게 할 수 없는 환경의 변화로 불완전해질 수 있다. 하늘을 날지 않는 공룡들이 멸종한 건 이들이 불완전했기 때문이 아니라, 생소한 환경에 갑작스레 내던져졌기 때문이다. 그리고 어쨌든 그들 중 극히 일부는 살아남았다.

큰뿔사슴은 불완전함의 두 번째 법칙도 보여준다. 매년 다시 자라나는 큰뿔사슴의 거대한 뿔은 이동할 때 방해가 되는 것은 말할 필요도 없거니와 수컷에게 비용이 너무 많이 들어가는 투자였다. 성 선택의 영향을 받는 번식이라는 측면에서 가장 큰 이점은 생존이라는 측면에서 큰 대가를 치러야 했다. 바로 자연선택이라는 대가였다. 화려한 공작의 꼬리를 포함해, 성 선택으로 진화한 여러 새들은 그 엄청난 특성들에 따라 다양한 선택압(Selection pressure)* 사이에서 균형을 잡을 방법을 빠르게 찾아야 했다. 이성의 시선을 끌면서도 포식자의 눈을 피해 생존하려면 어떻게 해야 했을까? 생존만큼 번식도 중요했다. 몇몇 생명체들이 채택한 방법은 꼭 필요할 때 일시적으로 유용하게 사용할 수 있긴 하지만 여전히 최적은 아닌 불안정한 타협(즉, 불완전함)일 수밖에 없었다. **자연에서의 불완전함은 종종 다양한 이해관계(예를 들어, 수컷과 암컷 사이의 관계)와 상반되는 선택압 사이에서 타협을 찾아야 하는 필요에서 생겨난다.**

이 지점에서 불완전함은 과학적으로 중요한 의미를 지니기 시작한다. 영양분이 풍부하고 동적인 바다 환경에서 서식하는 이상적인 해면동물을 연구한다고 가정해보자. 이제 가상의 해면동물을 실제 바다에 사는 해면동물(우리와 같은 동물이며, 보이지 않을지라도 가장 오래된 동물 중 하나)과 비교해보면, 실제 해면동물이 사전에 추정했던 형태를 어느 정도 갖추고 있음을 확인하게 된다. 그러나 개체, 집단, 해면동물의 아종(Subspecies)** 사이에서 엄청난 형태적 다양성을 발견하게 될 것이다. 그 이유는 각 종이 여러

* 진화생물학의 개념으로, 생물의 진화에 영향을 끼치는 환경적, 생물적 또는 사회적 압력을 이른다. 포식자의 존재, 기후변화, 질병, 경쟁 관계, 인간의 활동 등이 있으며, 개체군의 유전적 구성을 변화시키는 중요한 역할을 한다.

** 종(種)을 다시 세분한 생물 분류 단위로 종의 바로 아래 단계에 해당한다. 장래에 별개의 종으로 분화될 가능성이 있는 것으로 간주된다.

독립적인 선택압을 받기 때문이다. 만약 해면동물이 영양 섭취에 최적화된 형태로 진화했다면, 그 모습은 그들이 살고 있는 특정한 환경에서 효과적으로 영양분을 얻기 위해 진화된 이상적인 형태일 것이다. 하지만 이와 달리, 포식자의 위협에 맞서야 하는 것처럼 그 밖의 다른 환경적 요구가 동시에 중첩된다면, 다양한 기능을 지닌 적응적 특성 사이에서 불완전한 타협안이 만들어질 것이다.

진화는 현재진행 중인 딜레마다. 여러분이 새가 됐다고 가정해보자. 그렇다면 새끼들은 여러분의 유전적 미래를 상징한다. 어떻게 하면 오랫동안 둥지를 비우지 않고도 먹이를 더 많이 사냥할 수 있을까? 뉴질랜드의 키위새는 과거 땅 위를 배회하는 천적이 없었으므로 빠른 달리기, 날카로운 발톱, 뛰어난 후각 그리고 야행성을 가진 삶을 선택했다. 그에 따라 몸집이 줄어들었고, 더는 날지 않게 됐으며, 진화적 전략으로 거대하고 균형이 맞지 않는 알을 낳는 데 에너지를 사용하기로 선택했다*. 키위새의 알은 대략 어미 무게의 1/4 이상일 만큼 컸으며, 건강하고

* 키위새는 날개를 없애는 동시에 몸집을 줄이는 진화적 선택으로 먹이를 찾고 생존하는 데 에너지 소모를 줄일 수 있었으며, 알의 크기를 키우는 진화적 선택으로 새끼들에게 풍부한 영양분을 공급하면서도 작은 포식자들의 위협에서 벗어날 수 있게 됐다.

뉴질랜드 키위새. 키위새는 오랜 시간 최적화된 진화의 모범으로 손꼽혔으나 인간의 이주로 인해 멸종 위기종으로 전락했다.

튼튼한 새끼가 부화됐다. 하지만 뉴질랜드에 새롭게 정착한 사람들이 섬에 알을 먹어 치우는 침입종을 함께 데려왔을 때, 키위새의 이 특성은 완전히 재앙이 됐다.

이러한 상황에서 모든 생명체가 높이 비행하는 알바트로스처럼 최적의 적응에 도달하는 건 아니다. 대신에 '가능한 한 최대치'에서 조금 낮은 수준에서 타협하는 것에 만족해한다. 다시 해면동물 이야기로 돌아가자면, 해면동물의 경우에 이러한 타협은 잘 먹힌다. 그런 덕분에 일부는 1천 년 이상 생존하기도 한다. 그러므로 생존을 위해서라면 완벽함은 버리는 것이 좋다. 이를 거짓이라 생각한다면 생존을 위해 비정상적으로 납작해져야 했던 넙치나 가자미를 떠올려보라. 눈 하나가 다른 쪽으로 완전히 이동했고, 나머지 일생을 한쪽으로 누워서 보내야 하는데도 이들은 욕창으로 고생하는 일이 없다.

쓸모없는 흔적

다윈은 평생 두 가지 이유에서 완벽함이라는 주제를 두고 씨름했는데, 이 문제는 오늘날까지도 여전히 계속되고 있다. 첫 번째 문제는 1802년 철학자 윌리엄 페일리(William Paley, 1743~1805)가 케임브리지대학교에서 자신의 모든 것을 쏟아부어 집필한 논문과 관련돼 있다. 자연을 주제로 한 이 논문은, 살아 있는 유기체가 환경에 얼마나 놀라울 정도로 완벽하게 '적응'(진화론 이전에도 사용했으며, '적합한' 형태를 감탄스러울 정도로 잘 정의해 마지막까지 사용되던 용어)하는지에 관한 영감과 감동적인 묘사로 가득하다. 지적 설계에 대한 논쟁에 따르면, 놀라울 정도로 최적화된 적응은 자연의 복잡한 구조로 이뤄진 작품이 의도 혹은 목적 없이 만들어지지 않았을 것이라고 강조하는 창조신학에 부합한다.

아귀는 어떻게 먹잇감을 유혹하기 위해 입 앞에서 춤을 추는 가짜(그렇지만 완벽해 보이는!) 물고기를 만들 수 있었을까? (실제로는 척추에 달린 등지느러미가 변형된 것이다.) 자신의 외투막으로 만든 가짜 물고기를 이용해 번식하는 북아메리카의 담수 이매패(二枚貝) 람프실리스(*Lampsillis*)*도 같은 적응 방식으로 진화했을까? 포유류를 구성하는 양대 산맥인 유대류와 태반류는 비슷한 환경적 어려움을 겪었다고 해도 어떻게 완전히 다른 세계에서 비슷한 구조와 행동으로 진화했을까? 음파나 초음파를 활용해 위치를 알 수 있는 동물은 비단 박쥐만이 아니다. 몇몇 남아메리카 새와 쏙독새도 같은 방법을 활용한다. 그런데 이 같은 질문들은 언뜻 자연스러워 보이지만 잘못된 질문이다(완벽함을 추구하려는 타고난 경향성이다).

창조론의 관점에서 보면, 유기체가 '창조된' 환경에 완전히 잘 적응해간다는 사실은 전혀 이상한 일이 아니다. 다윈의 『종의 기원(*The Origin of Species*)』(1859)에도 '정교

* 이매패강에 속하는 연체동물로, 바지락처럼 좌우대칭의 껍데기 두 개를 가지고 있다. 외투막으로 지느러미와 꼬리, 움직임까지 완벽히 물고기 모양의 미끼를 만들어 다른 물고기들을 유인하고, 미끼를 베어 문 순간 수많은 유생을 흡착시키는 방식으로 번식한다.

하게 조절된 적응'과 유기체 간의 상호적응이 잘 묘사돼 있다. 진화는 구조와 행동의 작은 '차이'에도 작용할 수 있는데, 자연 세계는 이런 것들로 가득하다. 이는 "어느 육종가의 예술 각인 같지만, 결과물은 그보다 훨씬 아름답다". 마찬가지로 오늘날 우리는 앵무조개와 암모나이트 껍질을 보듯이 헤모글로빈 분자 구조의 아름다움과 그 기능에 감탄한다. 하지만 다윈은 자신의 적응에 대한 찬사가 자연신학자들의 찬사와 혼동되지 않도록 두 가지 측면에서 신중한 태도를 보였다.

한편으로, 다윈은 생체역학과 생리학 분야의 '놀라움'들(예를 들어, 훌륭한 구조를 가진 눈, 곤충의 놀라운 변장술 그리고 빈 공간이 많은 조류의 골격)이 어떻게 자연선택의 느리고 무작위적인 변이를 통해 점진적으로 진화할 수 있었는지 다방면으로 보여주려고 최선을 다했다. 그리고 다른 한편으로는, 여러 연구를 통해 자연의 규칙이 얼마나 불완전한지 짚어냈다. 다윈은 진화론과 고정론 사이에 있는 논란의 핵심이 자연의 '기이한 부분'을 중심으로 일어난다는 사실을 인지했다. 그러니까 불완전함에 관한 중요한 화두를 발견한 것이다.

그렇게 불완전함의 자연사는 탄생했다. 다윈에게 진화

의 가장 중요한 실증적 증거 중 하나는 형태적이고 구조적인 증거였다. 이미 당시에도 생명체가 단순한 변이를 거듭하는 동안에 분명한 '구조적 유사성(예를 들어, 척추동물의 팔뼈 구조)'을 가진다는 사실은 널리 퍼져 있었다. 마치 진화가 제한된 기본적인 형태나 계획된 패턴을 선택해 그 이후로 단순한 변주만을 만들어낼 것이라는 듯이. 다윈은 이를 유전학, 그러니까 변형이 파생된 공통의 기원을 통해서 설명하려고 했다. 모든 생명체가 공통조상으로부터 유래했다는 것을 증명하는 구조적 유사성을 중요한 진화의 증거로 봤다. 구조적 유사성은 다양한 환경 조건에 따른 자연선택의 결과로 볼 수 있다.

그렇다면 다윈의 진화론은 '해부학적 유사성(유전된 형태적 구조)'과 '존재 조건(외부 선택압)' 사이의 변증법에서 비롯된다. 다시 말해, 한편으로는 역사적인 관성과 제약 사이, 다른 한편으로는 우연한 환경 상황 사이에서 탄생했다. 여기에 기계적 완벽함을 위한 전제조건은 어디에도 없다. 사람의 팔, 두더지와 말의 앞다리, 돌고래의 앞지느러미, 박쥐의 날개는 오늘날 완전히 다른 용도로(무언가를 잡을 때, 구멍을 팔 때, 달릴 때, 수영할 때 혹은 비행할 때) 사용되지만, 이 구조는 모두 같은 위치에서 관찰되는 같은 뼈대,

즉 같은 원형에서 비롯됐다. 이 팔다리는 필요한 임무를 수행하기에 이상적이지 않을 수는 있어도 의심할 여지 없이 공통조상에서 갈라져 나왔음을 알 수 있다.

자연선택은 전지전능하지도 않고, 위대한 설계자를 대신하는 세속적 대체물도 될 수 없다. 다만 개선을 위해 내부 제약과 물리적 한계로 가득한 사용 가능한 재료와 때때로 타협해야 한다. 자연선택은 생명체의 우발적이고 유기적인 그리고 무기적인 조건으로 유기체를 나아지게 할 뿐, 완벽함에 이르기 위해 터무니없이 노력하지 않는다. 따라서 적응은 상대적인 개념이며, 과거는 불완전함과 기이함이라는 형태로 흔적을 남긴다. 다윈에 따르면, 오늘날 동물들에게 전혀 쓸모없음에도 여전히 남아 있는 수많은 특성들이 이를 입증한다. 환경 조건이 변해도 이전에 유용했던 기관은 골칫거리가 될지언정 완전히 사라지진 않을 것이다. 그러니까 이런 기관은 앞으로도 그대로 남아 있을 것이다.

다윈은 생물체가 가진 다양한 불완전한 특성을 연구했다. 오랜 시간 어두운 동굴에서 지내면서 눈이 퇴행한 동물, 뉴질랜드와 같이 포식자가 없는 곳에서 살면서 날개가 쓸모없어진 새와 곤충, 수컷들의 젖꼭지, 보아뱀의 뒷다리 흔적과 골반 그리고 고래 태아의 이빨과 고래 성체에 남아 있는 작은 골반, 안갖춘꽃 등등 나열하자면 끝도 없다. 몇몇 두더지의 피부에 파묻힌 눈이나 지느러미처럼 사용되는 펭귄의 날개 그리고 평균곤(平均棍, Halter)*의 형태로 변한 곤충 날개에서 발견할 수 있듯이, 이 불완전한 특성은 진화가 어느 정도 감내할 수 있는 역사의 흔적이자 먼 친척의 유산, 다시 사용할 수 있는 구조들이다. 다윈은 『종의 기원』 속 아름다운 구절을 통해 자연이 지울 수 없는 "쓸모없는 명백한 흔적", 즉 "자연 속에서 완전히 평범하거나 심지어 보편적이기까지 한 불완전한 특징의 각인을 간직하고 있다"고 기록했다.

날개가 사라진 뉴질랜드의 키위새처럼 그 기능을 상실해 쓸모없는 특징이 하나도 남지 않은 동물을 찾는 건 정말 어려운 일이다. 이렇듯 자연은 쓸모없는 것들로 가득하다. 1867년, 다윈의 열정적인 독일인 제자이자 동물학자 에른스트 헤켈(Ernst Haeckel, 1834~1919)은 생물의 세계에서 기초적인 동시에, 불완전하고 기능을 잃어버린 기관을 연구하는 과정에서 '무목적론(Dysteleology)'이라는 새

* 뒷날개가 퇴화돼 앞날개 뒤에 생긴 곤봉 모양의 돌기로 비행 중 평균을 잡게 해준다.

로운 용어를 공식적으로 소개하고, 이를 진화의 궁극적인 증거로 사용했다. 다윈은 이에 긍정적이었지만, 이 제안은 여기서 더 나아가지 못했고 '불완전함의 과학'은 공식화되지 못했다.

그럼에도 다윈은 후년에 여러 근거를 언급하며 쓸모없는 특성에 관해 전체적인 틀을 잡았다. 대표적으로 잔존하는 흔적 형질과 같은 유전적 영향과 잡종의 불임 같은 우연한 부작용을 거론하면서, 진화가 항상 최적으로 향하지 않는다는 점을 보여주려고 했다. 같은 속이지만 확연히 다른 두 종인 말과 당나귀 사이에서 태어난 노새와 버새 같은 잡종은 번식할 수 없다. 이는 이 두 종의 유전자 염색체 수 차이(말은 64개, 당나귀는 62개)에서 비롯된 것으로, 그 둘의 잡종인 노새와 버새가 정상적인 생식세포를 갖지 못하기 때문이다. 따라서 노새와 버새 같은 잡종의 탄생은 번식할 수 없다는 측면에서 '최적화'와 거리가 먼, 쓸모없고 심지어 부정적인 특성이다. 다윈은 이 특성이 두 종의 생식 체계 차이에 따른 우연한 결과라고 보면서도, 이 쓸모없는 특성은 자연선택이 제거하지 못하는 구조적 상관관계에서 발생할 수 있다고 여겼다. 예를 들어, 적응으로 구조의 어떤 부분은 달라지지만 다른 어떤 부분은 달라지지 않을 수도 있으며, 또는 발달 과정의 결과로 무언가가 만들어지기도 한다. 배아에서 성적 분화가 일어나기도 전에 발달해 성인이 된 후에도 존재하는 남성의 쓸모없는 젖꼭지가 그 한 예다. 그러므로 다윈에 따르면, 자연선택과 무관하게 이 쓸모없고 완벽하지 않으며 최적이 아닌 형질의 과잉된 확산을 설명할 수 있는 규칙이 있다.

특이하게도 진화의 과정은 불쾌한 부작용을 최대한 인내하며 용인한다. 또 어떤 방법으로든 이를 보상한다. 일단 특정한 방식의 생리적 변화가 일어나고, 유기체의 발달이 한 데 모이는 데 반영되고 기록되면, 이를 바로잡기 위해 처음부터 다시 재조정하는 건 훨씬 비용이 많이 들어가고 돌이킬 수 없다. 어류, 양서류, 파충류 그리고 포유류의 유전자와 발전 과정을 보면, 산업적 방식이 아니라 장인의 방식처럼 차근차근 순차적으로 일어났다.

한 가지 사례는 얼토당토않더라도 꾸준히 내려오는 역사적 유산이 얼마나 기괴할 수 있는지를 잘 보여준다. 기린은 먹이를 삼키고 목소리를 내기 위해서 되돌이후두신경(Recurrent Laryngeal Nerve, RLN)이 필요하다. 하지만 똑똑한 설계자라면 선택했을 방식인 대뇌에서 후두까지 직접 연결돼 있기보다 훨씬 길고 복잡한 방식으로 연결돼

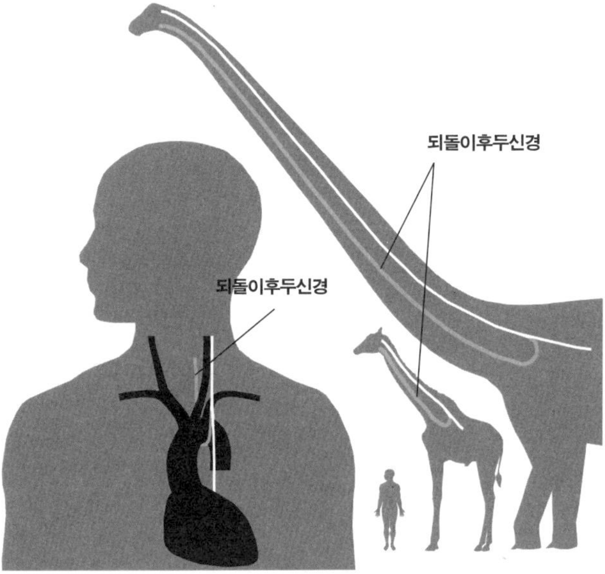

사람과 기린의 되돌이후두신경. 되돌이후두신경은 진화가 항상 직관적이거나 효율적인 과정은 아니라는 점을 잘 보여준다.

있다. 실제로 기린의 되돌이후두신경은 후두(최종 도착지)를 스쳐 지나 미주신경을 따라 목까지 내려간 후 심장 근처의 배대동맥 아래를 거쳐서 온다. 목에 있는 후두로 다시 돌아오기까지 그 길이만 족히 4미터나 된다(기린만큼은 아니지만, 사람의 되돌이후두신경도 길다). 정말 터무니없다. 나뭇잎에 접근하기 위해 자연선택에 따라 긴 목을 갖게 된 결과와, 인간과 기린 모두가 공유하는 고대 유산인 미주

신경의 긴 경로 사이에 일어난 불완전한 타협이다. 물고기의 미주신경은 가장 짧은 경로로 이동하기 위해 아가미를 지나지만, 우리의 미주신경은 훨씬 먼 거리를 돌아간다[12]. 완전히 처음부터 시작하는 건 불가능하기에 하나의 타협에서 시작해 다른 타협으로 옮겨가며 진화하면서, 우리 몸의 해부학적 모습은 더욱 복잡하고 비대칭적인 모습으로 엉키고 혼란스러워졌다.

쓸모 있는 이상함

쓸모없는 것이 진화의 자원이 될 수 있을까? 우리의 털이 쭈뼛 서게 만드는 진화의 유산인 닭살 같은 흔적기관은 과거를 떠올리게만 하는 쓸모없는 부분이 아니다. 가끔 진화는 기발한 방법으로 초기부터 전해져온 쓸모없는 기관을 재사용한다. 다윈은 『종의 기원』에 이렇게 기술했다. "이렇게 간접적으로 얻은 구조는 처음에는 해당 종에게 아무런 이득이 되지 않았지만, 나중에는 새로운 생활 조건과 새롭게 획득한 습관으로 변형된 자손에게 이득을 가져다줬을 것이다." 예를 들어, 다윈은 많은 사람들이 생각하는 것과 달리, 어린 포유류의 두개골에 있는 봉합선이 출산 시 어미의 골반을 쉽게 통과하기 위한 진화적 '적응'으로 발달한 것이 아니라고 깨달았다. 사실 알에서 태어나기에 이런 구조가 필요 없는 어린 새와 파충류의 두개골에도 봉합선이 있다. 이는 이 특성이 어쩌면 파충류, 조류 그리고 포유류의 초기 공통조상에서 성장의 제약으로 인해 진화했으며, 나중이 돼서야 포유류의 출산과 맞물려 예상치 못한 유용함을 얻었으리라는 것을 의미한다.

그러므로 다윈은 불필요하고 완벽하지 않은 특성이 과학자들에게 또 다른 이점을 선사한다고 언급했다. 흔적기관을 포함해 별로 중요하지 않은 기관에 대해 다윈은 『종의 기원』 14장 마지막 부분에서 비유를 들어 설명했다. "어떤 철자에 남아 단어의 어원에 관한 실마리를 제공하지만, 발음은 되지 않는 글자에 비유할 수 있다." 근본적으로 자연선택과 여타 진화적 체계가 관심이 없다는 점을 고려할 때, 불완전함은 수많은 생명체 사이의 연결고리이자 진화의 역사를 새롭게 구축하는 데 사용할 수 있는 고고학적 흔적으로서 중요한 실마리가 된다. 특징이 더 사소할수록 여러 종 사이의 계통 관계에 대한 정보를 더 많이 알려줄 것이다. 그런 면에서 치아와 꽃의 퇴화(흔적치아와 안갖춘꽃)는 각각 동물과 식물의 분류에서 중요한 특징이다.

완벽하거나 대수롭지 않은 독특한 특성은 제각기 다른 환경에 적응한 종을 생각하면, 공통조상에 대한 거의 확실한 실마리가 된다. 이런 예로, 외부로 드러난 음낭을 들 수 있다. 이 특징은 우리를 포함한 포유류 대부분에서 발견할 수 있다. 우리는 고환이 외부로 드러나면 정자를 생산할 때 온도를 낮추는 중요한 역할을 한다는 사실을 안다. 하지만 코끼리, 바위너구리, 개미핥기, 듀공, 코끼리땃쥐 그리고 황금두더지 같은 많은 포유류의 고환은 체내에 있다. 외부로 드러난 고환은 유용하지만 꼭 필요한 특성은 아니다. 그렇다면 왜, 이토록 몸집과 생활습관이 제각각 다른 포유류들에게 외부 음낭이 없는 걸까? 이는 단순하다. 이들도 아프리카의 공통조상에게서 유전자를 물려받았지만 어떻게든 이 문제를 잘 이겨냈기 때문이다.

가끔 기이한 특징은 어마어마한 진화의 나이테를 상징하기도 한다. 수수께끼를 하나 풀어보자. 이 동물은 수영의 귀재이고, 부드러운 털로 뒤덮여 있으며, 알을 낳는다. 알에서 새끼가 태어나면 암컷은 배에 난 모공으로 새끼에게 젖을 먹인다. 18세기 초, 박물학자들에게 수달의 몸통에 오리의 부리가 붙어 있는 이 동물의 모습은 자연의 기이함, 혹은 박제사들이 농담처럼 말하는 미스터리처럼 보였다. 발에는 물갈퀴뿐만 아니라 발톱도 있었다(수컷은 뒷발톱에 독이 있다). 곤충을 잡아먹으며 야행성인 이 동물은 오늘날에는 흔적기관이 된 발달되지 않은 위를 갖고 있으며, 수중에서는 눈을 사용하지 않고 부리에 있는 전기 수용체를 이용해 먹이를 뒤쫓는다. 이 반수생동물과 육지에 서식하는 가시두더지의 사촌 네 종은 난생포유류인 단공류(單孔類, *Monotremata*)라는 독특한 그룹으로 분류됐다. 이 동물이 누군지 눈치챘는가? 바로 사람들에게 까다로움을 선사한 오리너구리다. 기호론자와 철학자들은 오리너구리를 우리의 머릿속에 있는 체계를 벗어나 분류하기 어려운 동물이라 언급했다. 이런 맥락에서 의사 요한 블루멘바흐(Johann Blumenbach, 1752~1840)가 제안했던 첫 분류학상 이름은 '파라독서스(Paradoxus)'*였다.

호주 원주민들은 신화를 통해 오리너구리가 오리와 쥐 사이의 교배로 탄생했다고 믿었다. 이 신화적인 상상력은 터무니없다. 이는 마치 유머 감각을 가진 창조주가

* 역설을 의미하는 'paradox'에서 딴 이름이다.

새, 파충류, 포유류 중 일부를 하나로 합치는 놀이를 하는 듯 보인다. 실제로, 다윈이 이미 인지했듯이 오리너구리는 아포스테리오리(a posteriori, 후천적 경험)가 아니라 훗날 유대류이자 태반이 있는 동물이 되는 공통조상에서 초기(약 1억 6천만 년 전)에 갈라져 나온, 아프리오리(a priori, 선험적 경험)에 뿌리를 둔 초기 단공류의 후손이다. 그러니까 계통은 저 먼 과거까지 돌아가야 한다. 그럼에도 오리너구리는 살아 있는 화석이거나 포유류와 파충류 사이의 잃어버린 고리가 아니다.

2008년 5월, 이들의 유전체 염기서열이 『네이처』의 커버스토리를 장식했다. 이와 비슷한 기능을 하는 유전자

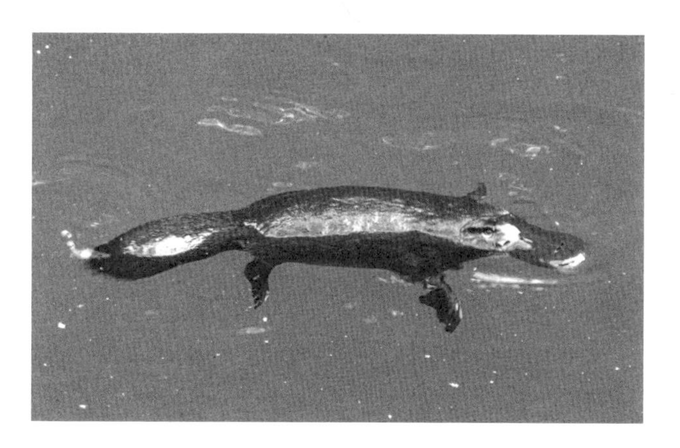

오리너구리. 18세기 초 박물학자들에게 수달의 몸통에 오리의 부리가 붙어 있는 이 동물의 모습은 자연의 기이함 그 자체로 보였다.

는 파충류와 조류에게서도 찾아볼 수 있다(알의 형성과 발달, 독 생산, 10개의 염색체로 결정되는 성별과 관련된다). 반면 전기적 위치 탐지, 즉 전기 수용체를 활용하는 능력은 후각에 관여하는 유전자가 새로운 기능을 얻게 되면서 훨씬 근래에 들어 발달한 것으로 추정된다. 간단히 말하자면, 오리너구리는 평범하지 않은 생물학적, 그리고 이상하지만 동시에 근래에 자신만의 방법으로 탄생한 불완전한 독특한 생명체다. 이들은 호주대륙 동부와 남쪽 섬 태즈메이니아에서만 서식하며, 우리 모두처럼 지구온난화와 오염으로 고통받고 있다. 그러나 얼마간은 다른 토착종(섬, 산, 혹은 숲 같은 특정한 지역에만 서식해서 매우 연약하고 환경변화에 취약한 동물이나 식물)보다 최악의 상황에 처한 건 아니다.

이제 『종의 기원』 6장에 등장한 다윈의 말을 인용해 불완전함의 세 번째 법칙을 분명히 할 수 있다. **자연선택이 모든 측면에서 생물체를 완성하고 최적화하는 요인은 아니다. 그럴 수 없다. 왜냐면, 자연선택은 우연한 상황에서 작동하므로 변화하는 맥락에 항상 상대적일 수밖에 없으며, 더욱이 생명체의 진화가 그들만의 역사적, 물리적, 구조적, 발달적 제약 조건에 의해 결정되기 때문이다.**

"자연선택은 각 유기체를 완벽한, 아니 경쟁하는 같은 지역에 거주하는 다른 생명체들과 비교해 비슷하거나 약간 더 완벽한 상태로 만들 뿐이다. 그리고 이것이 자연에서 취득한 완벽함의 기준이라 생각한다. 〈…〉 자연선택은 완벽함을 낳지 못할 뿐만 아니라, 우리가 아는 한 이 높은 기준을 자연상태에서 만날 수는 없다."

다윈은 물리학자 헤르만 폰 헬름홀츠(Herman VonHelmholtz, 1821~1894)의 말을 인용하며, 아무도 흉내 낼 수 없을 만큼 완벽해 보이는 인간의 눈조차 완벽하지 않다고 말한다. 우선, 어딘가 부족해 보이는 눈이 제 기능을 하려면 조정과 통합 형태로 뇌의 무수한 개입이 필요하다. 또한 그 자체로 문제가 있는 망막(4개 달린 깡충거미의 눈, 독수리와 매의 뛰어난 눈은 말할 것 없이 문어의 눈보다 훨씬 못한 눈), 단 세 개밖에 안 되는 원추세포(갯가재의 경우 8~12개), 좁은 시야와 색수차 그리고 맹점을 비롯해 안경을 쓰는 사람이라면 잘 아는 불편한 결점 등, 우리 눈의 단점은 헤아릴 수 없을 만큼 많다.

다윈이 강조했듯이, 방어를 위해 독침을 사용하지만 동시에 죽음을 맞이해야 하는 벌의 운명은 터무니없다. 또

교미가 끝난 후 한꺼번에 목숨을 잃는 수천 마리의 가련한 수벌들이나, 수분되지 못하는 전나무의 꽃가루 낭비도 이해할 수 없기는 마찬가지다. 이러한 불완전함은 이성적으로 보면 부조리해 보이지만, 그런데도 불완전함은 실제로 작동한다. 어쨌든 우리의 눈은 놀라울 만큼 섬세하기에 카메라가 그 성능을 흉내 내려고 하지 않던가? 자연사 박물관에서 어룡의 아름다움을 감상할 때 우리가 정말로 감상하는 것은, 기회주의적인 불완전함이 주는 진화의 효과와 심지어 미학 그 자체가 아니던가? 우리는 바다로 돌아가는 독특한 선택을 한 어룡의 적응을 연구하고 있다. 이들은 해양생태계에 적응하며 특별한 특징들을 발달시켰는데, 이를테면 '진화적 수렴'을 통해 물고기와 자연스럽게 비슷해졌지만 완벽하게 일치하는 정도는 아니었다. 그들은 자신들의 조상인 육지 파충류로부터 물려받은 특성도 고스란히 지니고 있었다. 즉, 비록 물고기처럼 진화했지만, 어룡의 관점에서 어느 면으로 보나 최적화는 아니었다. 어느 포유류도 마찬가지로 비슷한 과정을 통해 고래로 진화했다. 완벽하다고 말할 수는 없지만 그럭저럭 잘 작동한다. 그렇다. 오늘날 어룡은 멸종했지만 트라이아스기부터 백악기까지 1억 6천만 년 동안 행복하게 바다를 돌아다녔다. 우리는 고작 20만 년이라는 빈약한 시간을 살았기에 그 어떤 판단도 내릴 수 없는 위치에 있다.

그러므로 모든 생물체의 모든 부분이 최적화된 특정 기능을 수행해야 한다는 것은 필요하지도, 필연적인 것도 아니다. 이는 구조적 또는 발달상의 제약, 혹은 과거의 잔재가 사라지지 않은 결과일 수 있다. 따라서 지문, 붉은색 혈액, 분홍빛의 홍학, 혹은 모든 육상 척추동물의 발가락이 여섯 혹은 여덟 개가 아니라 다섯 개인 이유에 대한 기능적인 면을 굳이 찾을 필요가 없다. 완벽함과 우아함은 자연의 기준이 아니다. 중요한 건 제 역할을 한다는 것이다.

자연의 미완성 상태, 그리고 완벽하지 않은 기관은 어디서나 찾아볼 수 있기에 다윈주의 진화론에서 문제를 일으키지 않는다. 오히려 살아 있는 모든 생명체의 공통조상을 확인시켜준다. 여기에는 쓸모없는 귓불, 성가신 사랑니, 돌출된 턱, 실제로 사용되는 용도에 비해 과도하게 큰 코, 부드럽고 연약한 피부, 맹장 끝에 쥐꼬리처럼 달린 충수, S자로 휜 척추 그리고 고환에 있는 정자가 음경까지 가는 데 직접 연결되지 않고 요관을 경유하면서 쓸데없이 길어진 정관, 척추에 붙어 있는 불필요한 신경, 꼬리뼈, 조상으로부터 내려온 사족보행의 흔적과 이로 인해 생기는 질병과 고통, 요통, 좌골신경통, 평발, 척추측만증 그리고 탈장이 포함된다. 이것은 다윈이 『종의 기원』에서 신체의 쓸모없는 특징을 자세히 언급한 까닭이다.

완벽한 기관의 문제

다윈이 평생에 걸쳐 완벽함과 싸운 데는 또 다른 중요한 이유가 있었다. 다윈의 반대편에 서 있는 사람들은 자연선택이 유난히 복잡하며, 여러 신체 기관의 기원을 완벽하게 설명하지 못한다고 지적했다. 실제로 선택 과정은 천천히 한 세대에서 다음 세대로 전해지며 세대마다 차별화된 다양성이 축적되는 방식으로 진행된다. 게다가 특정한 구조를 이루기까지의 모든 진화적 과정은 그 기관을 지닌 소유자에게 기능적으로 도움이 되고 유용해야 한다. 그렇지 않고는 소유자가 생존해 번식할 수 없을 것이다. 이 두 가지 원칙이 없다면 다윈의 진화론은 제 역할을 하지 못한다. 그렇기에 비판자들은 짓궂게 이런 질문을 집요하게 던졌다. 자연선택이 점진적으로 진행된다면, 우리의 눈처럼 매우 복잡하고 완벽한 구조가 되기 전 진화 초기 단계를 어떻게 설명할 수 있을까? 초기 눈은 무언가를 제대로 볼 수 없었다. 초기 폐도 숨을 쉴 수 없었고, 초기 날개도 날 수 없었다. 그리고 5퍼센트 정도의 변장만으로 포식자의 눈을 피할 수 없었다. 더 나열해야 할까?

다윈 이후 다른 과학자들도 같은 의심을 품었다. 자연선택은 특히 발달의 후기단계에 들어서 복잡해지는 구조의 진화를 설명하지 못하는 듯 보였다. 이 구조 대부분은 여러 요소가 상호작용하며 진화한다. 이 중 한 요소만 빠져도 적응에 적합한 이점을 얻는 데 실패할지 모른다. 다윈은 늘 그랬듯이 이런 비판을 심각하게 받아들였고, 자신의 이론에서 풀기 까다로운 부분이라는 점을 인정했다. 다윈은 몇 년 동안 고심했는데, 결국 그 유명한 1872년의 여섯 번째이자 마지막 판에서 몇 장에 걸쳐 완벽함에 관해 예리한 반박을 추가했다. 다윈은 진화의 연속성이든 점진성이든(다윈의 비판자들은 기적처럼 내부의 힘이 작용하며 눈이 한순간에 진화했다고 주장했다) 혹은 이후 후기단계 기관에서 찾아볼 수 있는 기능성이든(다윈의 비판자들은 궁극의 요인, 즉 지적 설계가 처음부터 이 과정에 관여했다는 점을 다윈이 받아들이길 원했다) 그 어떤 것도 포기할 수 없었다.

다윈은 두 가지 방식으로 대답했는데, 그답게 부드럽지

만 단호했다. 먼저, 적응은 변화에 대응하는 움직이는 상태이지 완성된 최적화된 상태가 아니라는 점을 고려하는 것이 중요하다고 지적했다. 당연한 말이지만, 초기 눈은 오늘날 우리가 보는 것과 달리 광원(光源)을 인지하지 못하거나(예를 들어, 해수면이 높고 낮음을 구별하는 일) 잠재적인 위협이 될 수 있는 실체의 윤곽선을 대충이나마 인지하는 정도였다. 그 후 시간이 지나며 점차 정교한 윤곽선을 구별하기 시작했고, 마침내 물체의 입체적인 형태, 강렬한 색채 그리고 원근감을 인지하게 됐다. 단계적으로, 공감각에 관한 강력한 선택압으로 인해(포식자가 주변에 있었다면 포식자들을 미리 인지하는 편이 생존에 유리했을 것이다) 눈은 각기 다른 동물종에 따라 적어도 서른 번의 평행진화(Parallel evolution)* 과정을 거쳤다[13]. 하지만 이들은 같은 방식으로 두 번 진화하지도, 같은 결과를 두 번 도출하지도 않았다(렌즈가 있는 눈, 다양한 관상 조직이 있는 눈, 바늘구멍 같은 눈, 겹눈 등). 작지만 유용한 유전적 유산의 다양성을 통해 이들의 눈은 제대로 발달하지 못한 불완전한 형태에서 훨씬 복잡하고 눈에 띄게 완벽한 형태로 변했다. 절대적인 측

* 조상이 같거나 유사한 두 종이 서로 다른 환경에서 유사한 선택압을 받아 독립적으로 비슷한 진화적 특성이나 형태를 나타나게 되는 진화 과정을 이른다.

면에서 완벽하진 않았지만, 비교적 완벽해졌다.

자연의 셀 수 없을 만큼 다양한 사례로 분명해진 다윈의 첫 가설은 점진적이고 상대적인 발달에 기초했다. 5퍼센트 정도의 변장만으로는 포식자로부터 몸을 숨기기에 충분하지 않다는 사실을 우리 모두 잘 알지만, 만약 이 소소한 다양성 덕분에 위장하지 않는 동료보다 살아남을 가능성이 커진다면, 매우 효과적이고 심지어 훨씬 화려한 위장을 하는 방향으로 변화를 거치게 될 것이다(덤불 속에서 나뭇잎이나 나뭇가지를 흉내 내는 곤충을 보자). 이 과정은 우리가 자연에서 볼 수 있는 가장 놀라운 적응이 일어나는 근본적인 원인이다.

그러나 다윈은 첫 번째 답이 충분하지 않다고 생각해 두 번째 답을 내놓았다. 여기서 불완전함의 네 번째 법칙을 도출할 수 있다. 다윈에 따르면, 일반적으로 자연에서 구조와 기능 사이의 관계는 중첩된다. 단일 기능은 몸속 여러 기관에 걸쳐 수행된다. 그러니까 중요한 순간에 여러 기관 중 하나는 유기체의 전반적인 건강에 부정적인 영향을 끼치지 않으면서도 새로운 방향으로 발전할 수 있다. 반대로, 단일 기관은 여러 기능을 수행할 수 있으며 그중 일부는 이미 작동 중이고 다른 일부는 잠재적으로 필요할 때 사용할 준비가 돼 있다.

이는 진화의 두 번째 작동 원리를 암시한다. 이전에 몇몇 조상이 갖고 있던 기능(예를 들어, 아가미굽이를 지탱하며 호흡하는 데 필요한 기능)은 새로운 기능(예를 들어, 처음으로 육지에 네 발을 디딘 동물이 턱으로 먹이를 씹는 데 필요한 기능)을 수행하기 위해 '다시 적응'할 수 있다. 물론, 이 같은 자연선택의 과정은 경제적이지 않기에 0에서부터 시작할 수만은 없다. 작고 불완전하지만, 즉각적으로 얻을 수 있는 이점이 있는 이미 존재하는 기관(모호하기만 한 불완전하고 비용이 많이 드는 미래의 기관보다 훨씬 요긴한 기관)을 활용하는 편이 낫다. 게다가 유기체는 대체할 수 있는 방법을 찾을 때까지 계속해서 생존해야 하므로, 이미 자신이 가지고 있는 능력(기관)을 버릴 이유가 별로 없다. 이런 방법으로 여러 세대를 거쳐 자연선택은 한 가지 기능(호흡하는 기능)에서 다른 기능(씹는 기능)을 수행할 수 있게 구조를 변화시킨다. 그리고 이 작동 원리는 다시 반복된다. 예를 들어, 포유류의 고막 안 중이(中耳)에 있는 세 개의 뼈는 다른 척추동물처럼 두개골에 연결된 위턱에서 유래했다. 이는 하나의 기원에서 시작했지만, 동물종에 따라 제각기 다른 세 가지로 분화했다. 아가미를 지탱하는 구조, 두개골에 붙어 있는 턱뼈 그리고 음향을 쉽게 전달하도록 도와주는 구조로 각각 진화했다. 2011년, 고생물학자들은 중국에서 1억 2,500만 년 전 포유류의 과도기 동물의 잔해를 발견했다. 그리고 이 과정에서 실제로 이 기관의 기능이 어떻게 재조정됐는지 밝혀냈다.

이런 과정은 식물에게서도 일어났다. 다윈의 말을 빌리자면, 덩굴식물이 지지물에 붙어 휘감으며 오르는 기능(식물마다 제각기 다른 각도와 다양한 조합 능력)은, 처음에는 별다른 직접적인 이점이 없어 보였던 어린 식물 줄기의 회전운동에서 시간이 지나며 진화한 것일 수 있다. 이 회전운동은 덩굴식물이 지지물을 찾아 올라가는 데 필수적인 기능으로 발전했다. 이 같은 굴절적응(Exaptation)*의 증거는 다른 종과의 관계(계통학적 관계)와 지리적 분포(생물지리학적 관계)를 통해 충분히 찾을 수 있다. 결국, 이 위대한 박물학자는 이미 존재하는 형태를 다시 사용하는 체계가 진화의 핵심임을 직감했다. 이는 자연 전반에 광범위하게 강력한 영향을 미친다는 점에서 이미 사실로 밝혀졌다[14].

진화 과정에 있었던 수많은 결정적인 혁신들, 즉 분자

* 특정 기능을 위해 형질이 적응하는 것과 달리 원래 기능이 없거나 미미했던 형질의 부산물이 발달해 더 큰 쓰임새를 갖게 되는 것을 이른다.

적, 형태적, 행동적 수준에서의 혁신들은 굴절적응에 의해 탄생했다. 수많은 유전자가 오늘날의 기능과 달리 과거에 다른 기능으로 사용됐다는 사실이 밝혀졌다. 오늘날 육지를 걸을 때 꼭 필요한 발가락은 사지동물이 육지로 올라오기 훨씬 전 얕은 진흙 바닥을 따라 몸을 질질 끌던 육기어류에게 이미 존재했다. 이족보행을 하던 수각류 공룡 일부는 체온조절, 구애 그리고 균형을 잡으려고 지느러미와 깃털을 진화시킨 뒤, 다시 하늘을 활공하기 위해 이를 꺼내 재사용했다. 결과적으로 오늘날까지 많은 새는 활공, 체온조절, 구애를 위해 깃털을 사용한다. 그러니까 열역학에서 기체역학으로 그 기능의 영역이 점진적으로 옮겨갔지만, 발자취만큼은 되짚어볼 수 있다. 타조와 희귀한 뉴질랜드 카카포는 더는 비행을 위해 날개를 사용하지 않는다. 대신에 달리는 과정에서 균형을 잡거나, 힘을 과시하거나, 구애하거나, 새끼를 숨기기 위해 사용한다. 그러므로 날개가 달린 동물 중 5퍼센트의 날개는 날개가 아니다. 그리고 한마디 더 덧붙이자면, 날개는 비행을 '위해' 만들어지지 않았다.

여기에는 다양한 흥미로운 결과가 있다. 먼저 새겨야 할 것은 우리가 구조를 연구할 때 심지어 오늘날 완벽해 보이는 것일지라도, 역사적 기원과 오늘날의 기능을 일치시킨 상태에서 (사후가정으로) 추론해서는 안 된다는 점이다. 어쩌면 완전히 다른 용도로 사용됐다가 후에 받아들여졌을 수 있다. 두 번째로, 진화가 이런 방식으로 일어난다면 특정한 시기에 특정한 기능을 수행하는 모든 기관은 다른 기능을 수행할 잠재력이 있다는 점을 인지해야 한다. 자연사는 늘 어디로 튈지 모를 가능성으로 가득하다.

게다가 만약 기관이 오늘날의 기능에 천천히 그리고 자연선택으로 적응되지 않은 독특한 진화적 땜질(Bricolage, 브리콜라주)의 결과라면, 재사용되는 것들이 대체로 그렇듯이 그 구조가 불완전할 가능성이 크다. 하지만 이 방법은 꽤 잘 작동하고 더 효과적일 수 있다. 비유하자면, 진화는 사전에 종이에 계획을 그려둔 공학자나 건축가라기보다 그 당시에 필요한 무언가를 만들어내는 멋진 임기응변의 재능을 지닌 땜장이다. 그렇기에 여기서 불완전함의 네 번째 법칙을 엿볼 수 있다. 즉, **이미 존재하는 구조를 재사용할 수 있다는 건 최적화되지 않은 (그러니까 완벽하지 않은) 구조가 자연에서 빈번하게 발견될 수 있다는 뜻이기도 하다.**

가능성은 현실보다 강력하다

다윈은 'vox populi vox Dei(백성의 목소리가 신의 목소리다)'라는 말이 과학에는 해당하지 않으며, 과학은 종종 우리의 직관과 어긋나는 일이 많다고 반복해 말하곤 했다. 특히 과학이 완벽함과 같은 위안을 주는 개념을 거부할 때 더욱 그렇다. 우리는 생체역학적으로 정교한 인간의 눈을 관찰하고, 그 즉시 인공적으로 만들어진 (완벽하진 않지만 완전해질 수는 있는) 물건인 망원경을 떠올릴 수 있다. 그런데 이렇듯 물 흐르는 듯 전개되는 연상이 자연스러워 보이지만 사실은 틀렸다. 이는 우리가 무언가를 이해하고 싶을 때 잘못된 길로 들어서게 만드는 진화의 역설이다.

불완전함은 ('완벽한 사람은 없다'는 식의 상투적인 표현에서 볼 수 있듯이) 수용될 수 있는 현상처럼 보이지만 현실에서는 직관에 반하고, 성가신 일이다. 그럼에도 어떤 면에서 이는 모든 것이 어떻게 발전해 왔는지 알려주기도 한다. 꼭 껴안고 싶은 동물로 유명하지만, 동시에 현재 멸종 위기에 놓인 위태로운 처지의 대왕판다를 예로 들어보자. 판다는, 자신의 생존환경 대부분을 파괴한 인간의 욕심이 동물의 생존에 어떤 부정적인 방식으로 영향을 미쳤는지 잘 보여주는 동물이다. 빙하기 말, 선천적으로 불완전했던 큰뿔사슴에게 일어났던 일처럼. 판다는 곰(즉, 원래 육식성 동물)이지만 아침부터 밤까지 대나무를 먹는다. 어떻게 이런 일이 가능했냐고? 가능하다손 치더라도, 여러분이 기르는 고양이를 강제로 채식 동물로 만드는 건 별로 권하고 싶지는 않다.

오늘날 판다는 다른 곰들처럼 잡식성 동물로 살 수 있지만(동물원에서는 꿀, 달걀, 과일, 땅속줄기를 함께 먹이기도 한다), 야생에서는 200만 년 동안 99퍼센트 죽순만 섭취하는 거의 완벽한 초식동물로 살아왔다. 판다의 소화기관은 육식동물의 흔적이 그대로 남아 있다. 그런데도 곰의 이빨을 가진 판다가 식물 섬유질을 소화할 수 있는 이유는 장내 미생물군이 특별하기 때문이다. 초식동물과 비슷한 방식으로 먹지만 초식동물 같은 특별한 위가 없으므로 충분한 에너지를 얻기 위해선 끊임없이 엄청난 양을 먹어야 한다. 대나무는 고기보다 열량이 훨씬 낮다. 그렇기에 판다는 정착 생활에 가까운 생활을 하며 천천히 움직이고 힘을 아껴야 한다. 완벽함과 거리가 먼, 그 얼마나 힘겹고 지루한 일인지!

비슷한 일은 코알라에게도 일어난다. 강박적으로 유칼

립투스 잎을 먹어 치우는 코알라는 하루에 18시간을 자면서 생체리듬 속도를 늦췄다(물론, 독소를 분해할 수 있는 몇몇 종에만 해당하는 이야기다). 암컷의 경우 주머니 입구가 밑을 향해 달려 있는데, 나무 꼭대기에 서식해 새끼를 떨어뜨릴 위험이 있는 생명체에게 매우 좋지 않은 구조다(그래서 새끼도 거꾸로 매달려 자야 한다). 하지만 이는 분명히 굴을 파고 살았던 유대류 조상이 취했던 방식이고, 코알라는 여전히 이런 불리한 구조를 바꾸지 못했다. 이것만 보면 판다와 코알라의 멸종 위기 원인이 그들 종 자체에 있다고 생각하고, 우리 인간의 탓이 아니라고 생각할지도 모르겠다(호모 사피엔스는 비난을 회피하는 데 최적화돼 있다). 사실 판다와 코알라는 불완전함의 네 번째 법칙을 잘 보여준다. 이 두 종은 식습관을 바꾸면서까지 변화된 환경에 아주 잘 적응한 독특한 사례지만, 버텨내는 힘이 진화에 얼마나 중요한지 잘 보여주는 수많은 사례 중 두 가지일 뿐이다.

판다에게서 발견되는 특정한 해부학상 정보는 '임기응변'식 적응에 관한 좋은 증거가 된다. 맨손으로 대나무를 잡는 건 판다에게는 꽤 까다로운 일이었을 것이다. 자연선택은 물건을 더 잘 잡을 수 있는 개체의 손을 들어줬다. 시간이 지나면서 판다는 쥐는 것을 가능하게 한 '여섯 번

코알라 암컷의 주머니. 거꾸로 달린 코알라 암컷의 주머니는 진화가 최적화가 아닌 타협의 산물임을 잘 보여준다.

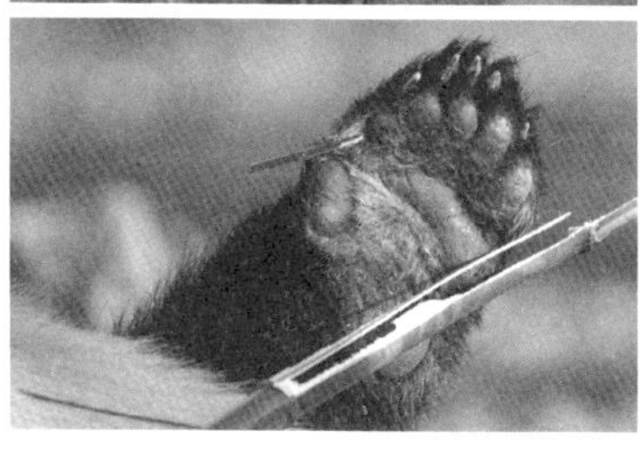

판다의 손. 판다의 엄지처럼 보이는 뼈는 사실 손목의 작은 뼈로 환경적 상황이 달라지면서 재사용된 것이다.

째 손가락'을 만들어냈다. 손목의 작은 뼈, 종자골에서 시작한 뼈가 여섯 번째 손가락이 됐다. 그러나 사실 처음부터 진짜 엄지였다기보다 선택적으로 재사용한 것이다. 특정한 기능을 수행하도록 만들어진 기관은 환경적 상황이 변하면서(이 경우에는 먹이 문제), 다른 기능을 수행하기 위해 완전히 다른 형태로 진화했다. 그러니까 판다는 진화적 땜질의 결과물이다[15].

하지만 여기서 끝이 아니다. 판다의 발에 해당하는 부분에서 발견할 수 있는 종자골은 크기가 점점 더 커져 팔과 꼭 닮은 모습으로 변했지만, 지금은 그 어떤 용도로도

사용되지 않는다. 심지어 판다 같은 척행동물(蹠行動物)*에게 이는 불편함을 끼치기도 한다. 이러한 불완전함은 우리의 몸이 조화롭게 연결된 하나임을 보여주는 발달상의 유전상관(Genetic correlation)**을 드러낸다. 만약 한 체계 내 일부에서 적응적 변화가 일어난다면 다른 곳에서는 예상치 못한 부작용이 일어날 수 있다.

다윈은 완벽함에 대한 두 번째 답에서 확신을 얻어 말년에는 이를 일종의 법칙으로 받아들였다. 다윈은 난초를 주제로 한 놀라운 저서 『난초의 수정(*Fertilization of Orchids*)』(1862)에서 이렇게 기술했다. "자연 전반에서 생명체들의 거의 모든 부분은 큰 수정 없이 다양한 용도로 사용됐을 것이며, 고대 생명체라는 생체적 기계의 일부로서 제각기 다른 목적과 기능을 수행했을 것이다." 이와 관련해 다윈이 가장 좋아하는 영어 단어는 'contrivances'였는데, 이는 재간, 기교, 창의적인 수완을 뜻하는 말로, 그 기반에 깔린 개념은 '즉흥성'이다. 자연은 계획을 세우지 않고 방법을 찾아낸다. 이와 관련해 다윈은 1872년, 나폴리에

* 뒤꿈치에 힘을 실어 발바닥 전체를 이용해 움직이는 동물을 이른다.
** 두 형질이 서로 관련된 유전자들에 의해 영향을 받아 변화하는 정도를 나타내는 유전학적 관계를 말한다. 이는 두 형질이 서로 독립적으로 변이하기보다 한 형질의 유전적 변이가 다른 형질의 변이와 일정한 관계를 가질 때 나타난다.

동물원을 설립한 친구 안톤 도른(Anton Dohrn, 1840~1909)과 함께 해양 생물의 진화를 통해 그 기능이 달라지는 과정에 관해 길게 토론했다.

개념을 일반화하면 그 진가를 알아볼 수 있다. 앞에서 언급했던 이상적인 해면동물을 기억하는가? 진화론자들은 '형태공간(Morpho-space)'이라는 놀라운 개념을 만들어냈다. 달팽이의 껍데기 모양처럼 특정한 신체 형태(갑각류, 곤충, 그 외에 등등)나 특성에 맞춰, 생명체는 가능한 모든 형태를 조합해 상상 속의 공간에 신체를 수학적으로 구현할 수 있다. 사실상 이는 진화가 전개될 수 있는 총체적인 공간을 상징하며, 정량적인 매개 변수를 사용해 좌표계에 나타낼 수 있다. 이 이상적인 형태공간은 현실과 비교된다. 즉, 실제로 존재하고 존재했던 모든 종의 체계와 특성을 각본상 가능한 형태와 비교하는 것이다. 이 기술로 매우 흥미로운 사실이 밝혀졌다. 특이하게도, 진화는 거의 항상 가능한 각본의 극히 일부 경로로만 진행됐다. 자연선택의 해법은 항상 몇 안 되는 형태공간에 제한적으로만 한정돼 있던 것이다. 대체 왜 그럴까?

가장 먼저 떠올릴 수 있는 답은 한정된 형태공간이 최적인 상태, 그러니까 최선의 적응이거나 천천히 자연선택으로 향하는 과정이기 때문에 이상적인 형태라는 것이다[16]. 그런데 이는 어떤 경우에는 사실이긴 하지만, 그런 경우는 매우 드물다. 다양한 종들은 최선(최적)이 아니어도 각각 괜찮게 수용할 수 있는 환경에 그럭저럭 대처하며 살았다. 또 이 종들에게 생존을 위한 다양한 최선의 기회를 제공했을 폭넓은 형태공간이 있었음에도 굳이 그러한 경로를 선택하지 않았다. 물론 생물종의 접근을 방해하는 물리적, 구조적 혹은 발전적 제한 때문에 이런 해법을 채택할 수 없었을 것이라고 가정할 수 있다. 아니, 어쩌면 우연에 의한 우발적인 사건으로 그 어떤 종도 그 영역에 닿지 못했을지도 모른다. 예를 들어, 룰렛 휠에 적당한 유전적 돌연변이가 나타나지 않았을지도 모른다. 어쨌든 간에 완벽하지 않게 작동하는 잠재적인 대안은 항상 존재했으며 앞으로도 그럴 것이다.

"우주에는 네 철학 속에 잠들어 있는 것보다 훨씬 많은 것들이 있어, 호레이쇼." 극작가인 셰익스피어(William Shakespeare, 1564~1616)가 햄릿의 입을 통해 전한 말이다. 우주에는 진화가 꿈꿔왔던 것보다 훨씬 많은 것이 있다. 가능성은 실제보다 훨씬 강력하다. 자연은 이를 이해하기 위해 우리가 만들어 낸 모든 이론보다 훨씬 강력하다.

CHAPTER 4

DNA에 각인된 쓸모없는 것들

"그래요! 존경하는 팡글로스 선생님." 캉디드가 물었다. "교수형을 선고받았을 때, 사지가 찢겨나갈 뻔했을 때, 매질을 당했을 때 그리고 갤리선에서 노를 저었을 때도 모든 게 최선을 향해 나아가고 있다고 여기셨는지요?" 팡글로스가 이에 답했다. "내 생각에는 변함없네. 결국 나는 철학자이니까, 나 자신을 부정하는 건 내게 어울리지 않네. 라이프니츠가 틀린 말을 했을 리 없고, 다른 한편으로 고체와 에테르같이 미리 정해진 조화는 이 세상에서 가장 아름답지."

볼테르, 『캉디드 혹은 낙관주의』

그렇다면 진화는 그 어떤 것도 버리지 않는 걸까? 늘 그렇듯이 불안정한 타협으로 인해 그건 때에 따라 다르다. 만약 부족하거나 혹은 넘쳐나서 그 대상이 비싼 비용을 치른다면, 그리고 생존과 번식에 방해가 된다면 아마도 자연선택은 이를 대부분 지워 없앨 것이다. 몇 세대 만에 그 변이는 많은 개체군에서 사라지거나 드물게 유지될 것이다. 그 반대도 일어날 수 있다. 그러니까 쓸모없게 된 특성이 개체군에 그대로 남아 자연선택을 조롱하는 이유는 간단하다. 제거하는 데 비용이 너무 많이 들기 때문이다. 해를 끼치지 않는 한 우리는 쓸모없는 특징을 계속 지니고 있을 것이다. 우리는 불완전함을 포용한 결과를 전혀 예상하지 못한 장소에서 자주 마주하게 된다. 바로 우리의 DNA에서.

격세유전 유전자 그리고 치키노사우루스

2장에서 봤듯이 DNA가 가진 놀라운 자가복제의 독창성 덕분에 이를 구조적으로 완벽히 효율적인 왕국의 지성소라 생각하기 쉽다. 앞에서 이미 안정성과 변이 사이를 오가는 두 얼굴을 지닌 야누스가 유전자 돌연변이라는 이름으로 그늘에 숨어 있다고 언급했다. 만약 그 내부를 살짝 엿볼 수 있다면 완벽함은 결코 우선순위에 있지 않을 것이다.

우선 동물의 유전자 속에는 잠들어 있는 유전자가 매우 많으며, 발전 과정에서 드물게 그 좋지 않은 특성이 다시 깨어나기도 한다. 이들은 그러지 말아야 할 때도 활동성을 띤다. 예를 들어, 제대로 발달하지 못한 이상한 뒷다리를 지닌 고래가 태어나는 장면을 보게 될 수 있다는 뜻이다. 또 가끔은 돌연변이가 일어나 작은 다리가 달린 뱀이 태어나기도 한다. 고대에는, 드물긴 했지만 발가락과 말굽이 세 개인 채로 태어난 말을 매우 소중히 여겼다. 이들은 모두 자연의 돌연변이였다.

이 잠들어 있는 유전자는 종의 진화 과정에서 이미 사라진 특징을 다시 드러나게 만든다 해서 격세유전(Atavism)이라고 불린다. 이는 이전 장에서 언급했던 흔적기관과 유전적 대응관계에 있다. 어떤 면에서 타임머신으로 되돌릴 수 있는 고고학적 유전자다. 다른 여러 포유류처럼 우리도 마찬가지다. 인간의 유전자에 활성화되지 않은 유전자 혹은 위유전자(Pseudogene)*가 족히 2천 개나 된다는 사실이 밝혀졌다(예를 들어, 영장류는 음식을 통해 비타민 C를 섭취하는 법을 얻으면서 체내에서 비타민 C 생산을 담당하는 유전자가 비활성화됐으며, 또한 후각이 시각과 청각에 비해 과거보다 중요하지 않게 되면서 상당수의 후각 수용체 유전자가 비활성화됐다). 그래서 가끔 아주 짧은 꼬리를 가진 아기가 태어나기도 한다. 아니 더 정확하게 말하자면 매우 긴 꼬리뼈가 격세유전된 것이다(그리 심각한 일은 아니고 쉽게 제거될 수 있다).

우리의 DNA에는 우리의 먼 조상인 파충류의 알에 노른자를 형성하는 데 도움을 줬던 고고학적 유전자의 잔재

* 가짜 유전자. 유전적 돌연변이의 결과로 현재 정상적인 기능이 작동하지 않는 DNA 염기서열이지만, 이후에 부분적, 전체적으로 다시 기능할 가능성을 갖고 있다.

세 개가 남아 있다. 인간의 배아는 발생 초기 단계에 노른자를 형성한다. 비록 잠시 후에 사라지지만, 그 유전자들은 여전히 우리의 DNA에 새겨져 먼 과거를 떠오르게 한다. 게다가 태아는 유전적 요인으로 여섯 달 동안이나 쓸모없는 솜털이 촘촘히 자라나는데, 이는 우리가 잃어버린 털의 유산이며 출산 한 달 전에 사라진다. 하지만 현재 아무런 기능을 하지 않고 불필요한 배아 구조를 만들어낸 후 사라진다면, 이 유전자들은 왜 남아 있을까? 진화는 오래된 것에 새로운 것을 덧붙이거나 오래된 것 위에 새로운 것을 구축해나가는 방식으로 작동할 뿐, 필요하지 않게 된 모든 DNA를 지워버리진 않는다. 주로 쓸모없는 특징을 유지하면서, 유전자의 활성화를 억제하고 단순히 발현을 피하는 방식을 선택한다.

격세유전은 공룡을 다시 살리는 것 같은 이상한 실험을 하는 데 이용할 수 있다. 저명한 고생물학자 잭 호너(Jack Horner, 1946~)는 유전학자들과 함께 닭의 유전자를 조작해 몇 가지 공룡의 특성을 발현시키려 했다. 생각 자체는 단순했는데, DNA에서 발견할 수 있는 불필요한 반복과 불완전함으로 충분히 가능했다. 새들은 공룡에서 진화한 생명체이므로 자연스럽게 유전체 안에 공룡 특성뿐만 아니라 그 후에 비활성화된 휴면 유전자를 갖고 있다. 여기서 해야 할 일은 이 유전자를 찾아서 다시 활성화시키고 '치키노사우루스(Chickenosaurus)'를 만들어내는 것뿐이다.

《쥬라기 공원》 속 이야기 같지만, 사실 호너는 이 영화의 과학 자문을 맡았다. 초기 회의적인 반응을 보였던 과학 커뮤니티는 구체적인 첫 결과들 앞에서 설마 하는 반응으로 바뀌었다. 2009년, 위스콘신대학교 매튜 해리스는 닭에서 격세유전 유전자를 찾아내 치아가 난 조류를 처음으로 탄생시켰다. 사실 치아가 난 닭을 만드는 건 그리 어색한 일은 아니다. 닭의 유전체에는 여전히 공룡의 치아 유전자가 보존돼 있어서, 활성화하는 데 필요한 단백질만 추가하면 부리 안에서 다시 치아가 자라난다! 그 후 칠레의 한 연구실에서는 닭 다리로 공룡의 다리를 재현했고, 예일대학교의 연구실에서는 닭의 두개골을 변형시켜 공룡과 더 비슷하게 만들었다. 호너는 닭에게 다시 공룡처럼 긴 꼬리를 자라게 하려는 실험을 계속하고 있지만, 이는 더 어렵다고 한다. 어쨌든 그가 2024년까지 '치키노사우루스'를 현실로 만들 것이라고 언급했으니 결과를 지켜봐야 한다.

한편, 이 유전적 연구 덕분에 날지 못하는 공룡에서 진화한 조류의 숫자가 얼마나 많은지 깨닫고 있다. 게다가 몇몇 유전적 질병에 관한 흥미로운 정보를 얻기도 했다. 어떤 면에서는 백악기 이후로 완전히 달라진 환경을 고려해 공룡과 닭을 융합한 이 동물을 어떻게 다뤄야 할지 결정해야 할 것이다. 최근 유전자 편집 기술 덕분에 우리는 매머드, 태즈메이니아 늑대 등 멸종된 여러 동물을 부활시킬 수 있을지 모른다. 한 가지 위험한 점은 이렇게 탄생한 동물들이 과학적인 목적이 아니라 다양한 사업 목록을 만들어내며 서커스 괴물이 되리라는 점이다. 어쩌면 호너의 의도대로 치키노사우루스는 결국 그냥 평범한 반려동물이 될지도 모른다. 우리는 아이들의 즐거움을 위해 치키노사우루스가 정원을 돌아다니도록 방목할 것이다. 이야기가 《쥬라기 공원》처럼 끝나지 않는 한.

쓰레기에도 다양한 종류가 있다

그러면 여분의 유전자까지 포용하는 DNA의 포용력은 어디에서 오는 걸까? 1998년, 유명한 분자생물학자이자 노벨상 수상자 시드니 브레너(Sydney Brenner, 1927~)는 쓸모없는 물건들을 두 가지 종류로 구분할 수 있는 아주 흥미로운 기준을 소개했다. 브레너는 이 세상에 두 종류의 쓸모없는 물건들이 있다고 설명했다. 그리고 대부분 언어에서 이들을 뚜렷이 구분할 수 있는 단어가 있다고도 언급했다. 바로 '잡동사니(Junk, 정크)'라 부르며 집안에 저장해 두는 쓸모없는 것들과 '쓰레기(Garbage)'라 부르며 치워 버리는 쓸모없는 것들이다. 브레너는 우리 유전체에 있는 대부분의 DNA 정보가 쓸모없는 잡동사니에 해당하며, DNA를 과도하게 많이 생산하는 분자적 과정이 이를 제거하는 과정보다 훨씬 많아서, 쓸모는 없지만 동시에 해롭지도 않은 잡동사니를 방치하는 것이라고 설명했다. 만약 과도하게 많은 DNA가 개체를 위협한다면, 공간을 많이 차지하고 냄새나는 잡동사니를 즉시 쓰레기로 인식해 선택적으로 제거할 것이다.

브레너는 이 두 종류의 DNA를 알기 쉽게 비유로 설명했다. 첫 번째는 정리정돈을 못하는 사람이 차고에 잔뜩 늘어놔 배우자를 질색하게 하는 먼지 가득한 잡동사니(정크)와 비슷하다. 이 비논리적인 애착을 설명할 때, 정리정돈을 못하는 사람들은 대개 이를 보관한다고 해서 돈이 들지 않으며, 아끼는 물건인 데다 어쩌면 언젠가 유용해질 수 있다고 설명한다. 이 잡동사니(오래됐고 한때 유용했지만 존재 자체를 모르기에 쓰레기통에 향할 일이 좀처럼 없는 물건) 안에는 격세유전 유전자도 있다. 그 외에 보통 유기체로 이뤄져 부피가 크거나 심지어 악취까지 풍기는 쓰레기도 있다. 그러면 분리해 쓰레기 배출 일에 맞춰 정원 문 앞에 내놓아야 한다.

그렇다면 유전적 정보를 전달하는 섬세한 작업을 수행하고, 지구 생명체의 진화를 끌어내는 힘을 갖는 DNA는 왜 정리정돈을 못하는 사람처럼 차고에 어마어마한 잡동사니를 쌓아놓고 있는 걸까? 뭐, 여기에는 여러 이유가 있다. 우선 오래되고 필요 없는 도구라도 예상치 못한 쓰임새를 가질 수 있기 때문이다. 특정한 기능 하나 혹은 여럿을 잃어버린 유전자에서 새로운 기능을 끌어낼 수 있기에, DNA에서조차도 '쓸모없음'은 혁신의 원천이 된다. 유전자가 유기체의 기능에 중요하게 관여한다고 가정해보자. 가치 있고 중요한 유전자라면 자연선택은 낮이고 밤이고 이를 지키기 위해 최선을 다할 것이다. 은유적인 표현은 차치하더라도 해당 유전자에서 발생하는 모든 돌연변이는 부정적인 것으로 받아들여져 세대를 거쳐 제거될 가능성이 크다. 이런 유전자들은 흔히 진화 과정에서 '보호' 받는다. 그러나 만약 긴 시간 속에서 그 유전자가 우연히 다시 복제된다면, 과도하게 만들어진 복제물은 쓸모없어질 것이다. 이 복제물에는 무수히 많은 중립변이(Neutral mutations)*가 축적될 수 있는데, 해당 유전자 복제물이 단순한 과잉이라는 점을 고려하면 생존에 영향을 끼치지 않는다.

이제 이 복제물 중 하나는 우연히 수많은 시행착오를 거치며 단백질을 변형시키거나, 다른 중요한 기능으로 유용하게 사용될 수 있는 돌연변이를 만들어 유전자의 성능을 개선한다. 이 지점에서 해당 유전자의 향상된 버전이 생기고, 이는 자연선택 과정에서 유리한 자리를 차지함으로써 성공적으로 변화한다. 기본적으로 DNA는 컴퓨터과학자들이 세상에 등장하기 훨씬 전부터 예비 사본을 만들었다! 쓸모 있는 유전자의 원본이 여전히 제 역할을 하는 동안 돌연변이는 그 어떤 위험 요소 없이 자유롭게 사본을 저장한다. 이런 방식으로 얼마 지나지 않아 수많은 사본 중 하나는 도움이 되는 돌연변이를 거쳐 다른 무언가

* 자연선택의 유불리에 편향되지 않은 중립적 성향의 변이를 이르며, 유전체에 존재하는 대부분의 변이가 중립변이다. 유전적 다양성 측면에서 중립변이는 진화의 원동력 중 하나인 유전적 부동을 추적하기 위한 분자 마커로 활용 가치가 높다.

가 되는 것이다.

이전 장에서 판다의 엄지와 날개의 독창적인 재사용에 관해 이야기할 때 언급했던 굴절적응 혹은 기회주의적 재사용이라는 개념을 떠올려보자. 이는 DNA에서도 벌어진다. 진화의 과정에서 유전자는 제각기 다르게 조정돼 '새로운 기능'을 가질 수 있다. 2016년, 하버드대학교 의과대학의 마이클 그린버그(Micheal Greenberg, 1954~)가 꾸린 신경생물학 팀은 『네이처』에 인간의 대뇌가 진화하는 데 기반이 되는 유전적인 측면을 들려줄 놀라운 실험 결과(이는 앞으로 몇 장에 걸쳐 더 자세히 설명할 것이다) 몇 가지를 개재했다. 연구진은 인간과 쥐의 신경을 배양한 후, 신경 활동을 증가시키는 방향으로 재현하기 위해 자극 반응을 비교 실험했다. 그들은 이 두 배양체에서 어떤 유전자들이 신경 활동을 더 많이 활성화시키는지 관찰했다.

많은 유전자 중, 특히 신경 활동을 즉시 자극하는 유전자들은 두 종에서 대체로 같았다. 이는 쥐와 우리 사이의 유전적 유사성을 고려했을 때 예상되는 바였다. 그러나 큰 차이를 보인 하나의 유전자, 특히 후반부에 주로 신피질에서 활성화된 오스테오크린(Osteocrin) 유전자는 결정적인 차이를 보였다. 이 유전자는 척추동물에서 뼈 성장과 근육 기능에 필수적인 것으로 알려져 있으며, 쥐의 뇌에서는 어떠한 자극도 일으키지 않았다. 이는 이 유전자가 쥐의 뼈와 근육에서는 역할을 하지만, 쥐의 뇌에서는 활성화되지 않는다는 것을 의미했다. 반면, 인간의 신경 배양에서는 주로 신피질과 발달 중인 피질의 성숙한 뉴런에서 이 유전자가 고농도로 발현되는 것으로 나타났다. 즉, 오스테오크린 유전자가 쥐와 달리 인간의 뇌에서 다른 역할을 한다는 뜻이었다.

생각과 언어 같은 복잡한 인지 능력을 담당하는 뇌 중앙부에서 뼈와 근육 활동에 관련된 유전자가 하는 일이 도대체 뭘까? 연구진은 다른 포유류와 달리 우리와 가장 비슷한 영장류의 뇌에서 오스테오크린의 활성화를 끌어내는 유전적 변화를 포착했다. 진화의 과정에서 (유전자의 활동을 촉진하거나 조절하는) 프로모터 영역의 몇 가지 돌연변이를 통해 이 유전자가 기능을 전환한 것이다. 마치 땜질처럼, 뉴런이 학습 및 기억과 관련된 활동 중에 구조적인 변화를 겪을 때 오스테오크린이 뉴런의 수상돌기와 축삭돌기의 형태를 조절하는 데 재사용된 것이다[17]. 그러므로 아주 과밀한 신경망도 유전자의 선택적 진화에 의존한다. 결국, 완전히 0에서 새로운 것을 건설하기보다 이미 있는 것을 바꾸는 편이 더 저렴하지 않을까?

이 과정을 가능하게 하려면 DNA는 일정 수준의 중복성을 허용해야 한다. 모든 유전자가 단 하나의 단백질 구조로 결정되고, 단 하나의 기능으로 연결돼 있다면 기동성이 발휘될 틈이 없었을 것이다. 유전자의 남는 부분은 DNA 자체뿐만 아니라 유전체를 연구하는 과학자들에게도 매우 유용하다. 앞서 언급했듯이, 자연선택은 이런 유전자에 별 관심이 없기에, DNA의 나머지 부분은 유기체의 생존에 관해 중립적이고 견딜 수 있을 수준에서 일정한 규칙성을 지닌 수많은 돌연변이를 쌓아두게 된다. 따라서 과학자들은 유전자 변이가 없어서 해로울 일 없는 위유전자(가짜 유전자)를 '분자시계(Molecular clock)*'로 사용할 수 있다. 만약 특정한 유전자가 두 종의 공통조상에게서 활성화되지 않았다는 사실을 알고, 이들 두 종 사이에 서로 다른 변이들이 쌓였는지 세어보면 두 종이 갈라진 시기를 계산할 수 있다.

(특정한 개체가 지녔지만) 실제로 그 기능을 잃어버린 유전체 내 중립변이는 여러 종 사이의 관계와 시간을 측정하

* 생체분자에서 일어나는 돌연변이의 발생 빈도를 활용해 특정 생물종 둘 이상의 집단으로 분화된 시점을 측정하는 기술을 시계에 빗대어 부르는 용어다.

는 데 사용하는 분자시계처럼 째깍째깍 움직인다. 진화 과정에서 특정 환경 조건이 변하면서, 일부 종에서는 고고학적 유전자(휴면 유전자)가 비활성화돼 숨겨지게 됐지만, 다른 종에서는 이와 유사한 유전자가 여전히 활성화돼 그 기능을 발휘하고 있을 것이다. 따라서 고고학적 유전자는 종의 가계도, 다시 말해 생명의 나무를 재구성하는 데 소중한 증거로 활용된다.

정크 DNA에서 정글 DNA로

DNA를 나타낼 때 사용하는 비유적 표현에는 한 가지 단점이 있는데, 모두 2차원이라는 점이다. 텍스트, 유전정보, 알파벳, 암호, 소프트웨어 등이 유전적 정보를 순차적으로 따라가며 선형적으로 해독하는 데 집중돼 있다. 그러나 이러한 표현들은 유전체가 단순히 정보의 집합이 아니라, 유기체와 그 환경에 적용돼온 불완전함의 법칙을 따라 시간이 지나면서 진화하는 복잡한 3차원 물질 체계라는 중요한 사실을 간과하고 있다. 게다가 유전체는 지속적으로 혼란스러운 환경에 노출된 마트료시카 인형*과 비슷한데, 독립적인 장치라기보다 유전자, 후생유전자, 세포, 조직, 기관, 유기체를 비롯한 외부 환경과 영향을 주고받는 밀도 높은 그물망이라 할 수 있다.

유전체를 자세히 살펴보면, 우리가 흔히 생각하는 것과는 달리 보이지 않는 아주 가는 실로 서로 연결된 수많은 조각들로 이뤄진 복잡한 직소 퍼즐(Jigsaw puzzle)을 발견하게 될 것이다. 심지어 그 조각 대부분에는 다른 조각과 연결 지을 수 있는 단편적인 그림조차 그려져 있지 않다. 아무것도 그려져 있지 않은 데다 수수께끼 같기에 분명 쓸모없는 것처럼 보인다. 1972년, 일본의 유전학자 스스무 오노(Susumu Ohno, 1919~2008)는 대부분의 유전적 유산이 자연선택의 활동에 아무런 영향을 주지 않는다는 브레너의 잡동사니 개념(비록 분자 생물학자 프란시스 크릭이 이미 비슷한 생각을 했지만)에 착안해 처음으로 **정크 DNA**라는 용어를 도입했다. 오노는 정크 DNA를 당장은 쓰임새가 없지만 언젠가 미래에 쓰임새가 있을 유전체의 모든 부분이라고 정의했다. 굳이 먼 미래까지 가지 않더라도, 우리가 앞서 봤던 것처럼 유전자 복제 기술을 통해 이미 사용 가

* 러시아의 전통적인 나무 인형으로, 일반적으로 작은 크기의 나무로 만들어진 중첩된 같은 디자인의 여러 인형으로 구성돼 있다.

능하다는 것이 드러났다(1970년, 오노가 처음으로 이론화에 성공했다).

문제는 정크 DNA가 많아도 너무 많다는 것이다. 당황스럽게도 그 비율은 우주의 팽창을 연구하는 물리학자들이 추정하는 암흑물질 그리고 암흑에너지 비율과 비슷하다. 정크 DNA는 등장과 동시에 많은 사람에게 진짜로 유전체를 좌지우지할 지배자라는 인상을 남겼다. 브레너가 언급했듯이, DNA를 만들어내는 분자적 작용이 이를 없애는 과정보다 훨씬 강력하기에 정크 DNA는 진화적 체계에 남은 자연의 실패한 실험의 흔적이다. 다른 것을 방해하지 않는 이상 자연선택은 이를 조용히 내버려 둔다. 하지만 그렇게 많은 잔재를 지니고 있다는 사실은 인상적이지만 동시에 약간 당황스럽다.

그 후 얼마 지나지 않아 다양한 유기체의 전체 유전체 시퀀싱(Genome sequencing)* 자료들이 속속 공개되기 시작했다. 1990년대 후반부터 21세기 초까지 더 놀라운 발견이 이어졌다. 이 시기에 유전학자들은 인간의 유전자 개수를 완벽히 (그것도 놀라운 수준으로!) 잘못 예측했다는 사

* 유전체 내 DNA나 RNA의 염기서열을 결정해 개체의 유전정보를 해독하는 과정이다.

실을 깨달았다. 인간 유전체 프로젝트에 따르면, 인간의 유전자 개수는 유전학자들이 예상했던 25만 혹은 12만 개가 아니라 2만 5천 개 이하였다. 애초에 유전체를 유기체의 외부 특징과 직접 연결된 수많은 구슬들이 담긴 주머니로 비유했던 것이 틀렸던 것이다. 그보다는 훨씬 밀접하게 서로 연결된 그물망이었다. 이 그물망은 얼마나 많은 교점이 있는지가 아니라 어떻게 연결돼 있는지가 중요하다. 평균적으로 하나의 유전자는 다양한 조직에서 제각기 서로 다른 네 가지 단백질을 만들어낼 수 있다. 2만 5천 개의 유전자로 조합할 수 있는 가능성은 천문학적으로 늘어난다. 단백질 합성의 독특한 순환을 기억하는가? 유전체 내에서 조절 인자는 그 자신의 생성물에 의해 다시 제어되고 조절된다. 그러니까 유기체의 복잡성과 그 유기체가 가진 유전자의 개수 사이에 아무런 직접적인 상관관계가 없다는 뜻이다.

결국 단백질을 구성하는 유전자는 전체 유전적 유산 중 일부(10%가 채 안 되는 수준)에 불과하고 나머지 대부분이 정크 DNA라는 사실이 밝혀졌다. 인간의 유전체는 쓸모없는 정보와 잡음으로 가득하다. 어떤 유전학자가 언급했듯이, 단백질을 암호화해 그 결과 알려진 혹은 예측 가능한 기능을 하는 DNA의 작은 조각은 의미 없는 망망대해의 유전적 바다에서 가설 뗏목을 타고 떠다니는 것과 같다.

하지만 얼마 지나지 않아 또 다른 반전이 등장했다. 지난 10년 동안 ENCODE 프로젝트(Encyclopedia of DNA Elements)*를 이끌던 국제 협력단은 인간 유전체의 2퍼센트 미만만이 단백질을 암호화하는 유전자이며, 그마저도 상당 부분(9~18%)이 반응을 조절하는 기능을 담당하고 있다는 연구 결과를 공개했다. 이는 유전체 그물망끼리 얼마나 많이 만나는지가 아니라 그물망 사이의 관계와 조절이 중요하다는 사실을 분명히 한 것이다. 따라서 정크 DNA에는 (우리가 거의 알지 못하는) 복잡한 유전자 조절과 관련된 다양한 형태의 암호화되지 않은 RNA를 전사하는 과정이 포함돼 있다. 이는 유전자 조절에 중요한 기능을 하는 수많은 정보를 담고 있는 숨겨진 보물이라고 할 수 있다. 그리고 이러한 얽히고설킨 유전자 산물 사이에서 종양 변이의 역학을 포함한 수많은 질병의 원인을 발견할 수 있다.

2007년, 첫 결과가 발표된 후 ENCODE 프로젝트에 참

* DNA 내 모든 요소의 기능을 파악하고 그 위치를 정확히 찾아내, 유전자 산물과 DNA 전사의 복잡한 그물망을 해석하는 것을 목적으로 진행한 과학 프로젝트다.

가한 과학자 수백 명은 연구를 계속한 끝에 훨씬 더 극적인 결과를 얻었다. 이 결과는 2012년 9월 중순, 『네이처』에 실렸다. 연구진은 유전체의 80퍼센트가 RNA로 전사되며, 이는 생화학적으로 '기능'할 수 있다고 선언했다. 대체 어떤 기능을 하는지 알 수 없지만 어쨌든 기능을 하기는 한다는 것이다. 이 연구가 전하는 핵심은 분명했다. 요점은, 앞서 언급했던 연구는 무시해도 좋다는 것이었다. 누가 봐도 명백히 쓸모없어 보였던 이유는 단지 유전자 암호가 너무 복잡한 탓에 우리가 무지했기 때문이다. 전형적인 과학의 모습이다. 새로운 연구로 우리가 얼마나 무지한지를 깨닫는 과학의 전형성이다. 그들에 따르면, 정크 DNA는 잘못된 개념이었다. 이 발견이 의미하는 것은 지난 40년 동안의 엄청난 연구 성과를 문서고에 넣어둬야 할지도 모른다는 뜻이었다.

"정크 DNA는 끝났다." 이 문장은 모든 신문의 헤드라인을 강렬하게 장식했다. 이 말은 곧, 유전체가 훨씬 더 효율적인 체계로 진화한다는 또 다른 증거일까? 유전에 일정한 규칙이 있거나, 아니면 우리가 알지 못하는 숨겨진 언어가 있는 건 아닐까? 빠른 속도로 변하는 조절 인자의 진화를 둘러싼 규칙과 단백질을 암호화하는 인자에 적용되는 규칙이 서로 다른 이유는 무엇일까? 조절 인자와 단백질 암호화 유전자 사이의 진화적 규칙에 차이가 있다는 것은 유전체가 복잡하고 정교하게 조직돼 있다는 사실을 암시하는 듯했다. 이러한 DNA의 복잡성과 정교함은 일부 사람들에게 자연선택과 우연한 변이만으로 설명하기 어렵다고 느끼게 함으로써, 자칫 지적 설계론으로의 해석으로 이어질 수 있었다. 이에 다수의 생물학자들은 ENCODE 프로젝트의 연구 결과를 쉽게 받아들이지 못했다. 그만큼 쉽게 받아들일 수 있는 내용도 아니었다. 이들은 몇 달 동안 이 프로젝트의 이론적 기반을 공격하는 논문을 발표했다. 휴스턴대학교의 유명한 분자생물학자 댄 그라우(Dan Graur, 1953~)는 "이들의 통계는 끔찍하며, 잘못 훈련된 연구자들의 부실한 결과물이다"라고 반박했다[18].

ENCODE 프로젝트의 결과에 동의하지 않는 학자들은 유전자가 전사되는 생물학적 활동이 있다고 해서 그것이 반드시 특정 기능을 가진 것으로 볼 수 없다고 주장했다. 이들은 ENCODE 연구진이 주로 다능성 줄기세포(즉, 여러 종류의 세포로 분화할 수 있는 세포)와 종양세포만을 사용했다고 지적했다. 이는 전사가 빈번하게 허용되는 예외적인 환경이다. 이러한 환경이 연구 결과에 영향을 미쳤을 가능성이 있으며, 따라서 추정치가 정확하지 않을 수 있다는 것이다. 아울러 암호화되지 않는 부분이 전사되는 현상이 어떻게 자연선택 없이 진화 과정에서 존속할 수 있었는지에 대해 ENCODE 연구진이 타당한 가설을 제시하지 못했다고 지적했다. 광범위한 전사 활동이 중요하지 않은 (단순한 과거의 흔적이거나 우연히 발생한) 과정인지, 아니면 생성되는 RNA가 현재 우리가 모르는 기능을 가지고 있는지 여부는 불분명하다. 그러나 후자의 경우를 가정할 때, 위유전자에서도 전사체가 발견된다는 점을 고려하면 그 가능성은 낮다고 볼 수 있다. 생물정보학자들의 초기 자료들은 지식으로 전환해 올바른 맥락, 즉 진화적 맥락으로 해석해야 한다.

그라우와 연구진은 결국 신랄한 지적으로 논문을 마무리했다. 그 어떤 것에도 존재하지 않는 기능을 찾으려 고집하다 보면, 결국 기능이 아니라 목적에 도달하게 된다는 것.

"우리는 생물학자들에게 정크 DNA를 두려워하지 말 것을 촉구한다. 정크 DNA를 두려워해야 하는 사람들은, 자연스러운 과정이 생명체를 설명하기에 부족하며 진화론이 지적 설계자의 도움을 받거나 지적 설계자로 대체돼야 한다고 주장하는 사람들이다. ENCODE 프로젝트의 최종 메시지는 모든 것이 기능을 가진다는 점을 의미하는데, 이는 목적을 내포하는 것으로 목적은 진화가 제공할 수 없는 유일한 것이다(2013)."

정크 DNA에 대한 여러분의 생각이 어떻든, 실상 우리는 우리가 아직 전부 이해하지 못했기에 새로운 질문을 던지는 창조적 무지*의 영역에 있다. 특히 유전자 전사의 세계는 해석하기 어려운 무궁무진한 정보를 간직하고 있다. 결국, 케임브리지의 ENCODE 총괄 진행자 이완 버니는 유전체가 나무가 빽빽이 들어선 숲을 닮았다는 사실을 인정해야 했다. 이는 앞으로 헤쳐나가야 할 장애물들이다. 어딘지조차 확신할 수 없는 장소에 닿기 위해서는 길을 개척해야 한다. 어쩌면 그 자리에서 길을 잃을지도 모른다. 정크 DNA부터 정글 DNA까지 우리는 바로크 양식

* 어떤 분야에서 새로운 창조적인 해결책이나 아이디어를 찾기 위해 의도적으로 정보나 지식을 제한하고, 그 제한된 상태에서 자유로워지는 생각을 발굴하려는 접근 방식을 의미한다.

처럼이나 복잡한 유전체를 지니고 있다.

양파의 법칙

모든 것을 고려했을 때 '정크 DNA의 죽음'을 언급한 뉴스는 어느 정도 과장됐거나, 적어도 너무 이른 단정으로 보인다. 몇몇 반례들이 이를 뒷받침한다. 예를 들어, 양파의 유전체가 인간의 유전체보다 다섯 배나 많다는 사실을 어떻게 설명해야 할까? 누구도 양파가 우리보다 다섯 배 더 복잡하다고 주장할 수는 없다. 그보다는 식물의 진화에서 교배를 통한 종 분화와 부모 세대의 유전체 융합이 새로운 세대를 만드는 주요한 과정이라는 사실을 짚어내는 것이 훨씬 간단하다. 이는 그 옛날 메소포타미아의 비옥했던 땅 초승달 지대에서 초기 농부들이 원시 식물을 무작위로 교배해 실험함으로써 오늘날 염색체가 세 배나 된 연질소맥(부드러운 밀)을 만들어낸 것에서 볼 수 있듯이 DNA는 훨씬 크고 무거워질 수 있다. 괴물같이 거대한 유전자를 지닌 연질소맥은 오늘날 우리가 매일 같이 섭취하는 빵이 됐다.

캐나다의 유전학자 라이언 그레고리(Ryan Gregory)가 주장했듯이, 양파 실험은 인간 유전체 속에 존재하는 모든 뉴클레오타이드가 어떤 기능을 한다고 생각하는 사람이라면 누구나 해볼 수 있는 간단한 현실 직시 방법이다. 유전체의 크기는 비슷한 수준의 복잡성을 지닌 유기체들 사이에서도 매우 다양하게 나타난다. 진화는 늘 상호 연결된 상태로 일어난다. 장내 미생물의 사례처럼 DNA의 정글은 유기체에 미치는 영향에만 의지하지 않고 자신만의 규칙과 작동 원리를 지닌 온전한 생태계다[19]. 몇몇 불필요한 염기서열은 너무나도 많이 반복돼서 마치 침입종이나 바이러스처럼 염색체의 많은 부분을 차지하기도 한다. 자신들만의 '이기적인' 논리를 따른다는 건 분명하다. 이 논리는 유전자 생태계 수준에서만 허용될 수 있으며, 유기체 수준으로 올라가면 의미가 사라진다. 즉, 유전적 요소들은 그들만의 '이기적' 행동이나 복제를 통해 자신의 존재를 확장할 수 있으나, 이것이 반드시 유기체 전체에 이익을 주는 것은 아니라는 의미다. 이 또한 제각기 다른 수준에서 작동하는 과정 사이의 불안정한 타협을 상징한다.

그러니까 DNA는 정보와 암호로 이뤄져 있지만 동시에 3차원적 물질이기도 하다. 유전체는 굳건한 진화적 체계인 동시에 불완전하다. 공학적 기술의 산물로서는 실패작이라 생각할 수도 있지만, 오히려 이는 다윈주의 진화의 산물임을 방증하는 것이다. 만약 이 점을 잊어버린다면 우리는 아포페니아(Apophenia)*의 함정에 빠질 위험을 무릅쓰는 것이다. 정보의 홍수 속에서 의미 있는 특성과 규칙을 찾으려는, 혹은 아무것도 존재하지 않는 곳에서 기어코 그 쓰임새를 찾으려는 인간의 습성 때문에. 대니얼 데닛(Daniel Dennett, 1942~) 같은 몇몇 철학자들은 진화가 높은 수준의 독창성을 보여주는 예라고 생각했다. 이는 사실일 수도 있지만 늘 그런 건 아니다. 자연에 우리의 인간 중심적인 공학적 이상을 적용하는 건 위험하다. 생물철학자 피터 고드프리-스미스(Peter Godfrey-Smith, 1965~)가 언급했듯이, 자연선택과 복잡성 형성을 진화론의 지지대라 생각하는 일은 페일리를 비롯한 여러 신학자가 만들어낸 문제에 대한 해답 대신에 자연신학적인 대안을 내놓는 것일 뿐이다. 계속해서 복잡한 구조에만 집중하는 건 자연주의를 받아들이면서도 자연신학의 지적 설계자라는 틀은 남겨두는 것이나 마찬가지다. 동틀 무렵의 열대우

* 아무런 상관이 없는 것들 사이에서 우연히 의미 있는 패턴이나 관계를 찾으려는 인지적 편향을 이른다.

림, 문어의 독특한 색조 변화, DNA의 구조에는 연구 개발의 결과로서 숨겨진 목적이 존재하지 않는다. 우리에게 남은 건 우여곡절이 가득한 역사뿐이다.

DNA가 생동감이 넘친다는 사실은 우연이 아니다. DNA는 단백질을 암호화하고 유전자 조절 영역을 조직한 후, 필요한 것보다 훨씬 더 많은 물질을 만들어내고 유지한다. 점점 더 늘어나는 유전체는 대부분 반복되는 복제, 자주 반복되는 짧은 염기서열, 위유전자 혹은 지금은 사용하지 않는 유전자, 암호 영역 사이에 있는 비암호 영역 그리고 DNA에 큰 피해를 입히고 돌연변이를 일으키는 (활성이 있든 없든) 무질서한 전이 인자로 이뤄져 있다. 전이 인자는 **트랜스포존**(Transposon)*이라고도 부르며, 유전체에서 가장 이기적인 요소로(가능한 한 많이 퍼뜨리는 것만 생각한다), 무질서, 불안정, 과잉된 제한적인 상황에서 변동성을 일으키는 또 다른 작동 원리를 상징한다. 인간의 유전체 속에는 수백만 개의 트랜스포존이 존재한다. 지나치게 많으면 해로우므로 제어돼야 하지만, 가끔 진화의 과정에

* DNA 내에서 이동하거나 복제될 수 있는 유전 요소로, 생물의 유전체 구조에 변화를 줘 유전적 다양성을 촉진하는 역할을 한다. 그러나 이 과정에서 돌연변이를 유발하기도 한다.

서 중요한 조절 능력을 유지하기 위해 채택되기도 한다.

우리의 DNA는 외부에서 유전물질이 일부 유입되기 때문에 과잉된다. 예를 들어, 비록 지금은 다른 돌연변이로 인해 비활성화됐지만, 레트로바이러스(Retrovirus)*는 우리의 성세포에 자신의 유전체를 복제해 생존과 번식에 무관한 정보를 DNA에 남기기도 했다. 이렇듯 인간의 유전물질 중 거의 3분의 1은 외인성 기원을 두고 있는 것으로 추정된다. 이 무해한 유전적 밀입국자는 분자화석(우리의 진화적 과거 그리고 간신히 목숨을 건진 고대 질병 감염의 흔적)으로 우리의 유전체에 남아 있다. 진화의 과정에서 이러한 염기서열은 포유류에게서 태반을 만드는 일같이 중요한 역할을 담당하기 위해 재사용되기도 한다.

최근 몇 년 동안 놀라운 사실이 밝혀졌는데, 우리의 유전자가 네안데르탈인(Neanderthal)과 데니소바인(Denisovan)이라는 두 호미닌 종에 의해 더 풍부해졌다는 것이다. 이는 우리의 조상이 대략 10만 년 전에서 4만 년 전 사이에 아프리카를 떠나, 드물게 중동, 유럽, 중앙아시아에서 다른 종의 배우자를 찾았음을 의미한다. 분명히 우리와 저

* 자신의 RNA를 DNA로 역전사해 숙주 세포의 유전체에 통합되는 바이러스다. 이 과정을 통해 감염된 세포 내에서 복제되고 전파된다.

들 사이의 유전적 장벽이 완전히 닫히진 않았기에 서로 교배를 할 수 있었으며, 불임이 아닌 잡종 새끼를 낳을 수 있었다. 이 교잡의 결과로 몇몇 네안데르탈인과 데니소바인의 유전자 염기서열을 아프리카계를 제외한 몇몇 현대 호모 사피엔스의 유전체에서도 찾아볼 수 있다. 그 흔적은 시간이 지나면서 희석되고 파편화됐지만 오늘날까지 여전히 남아 있다. 몇 가지 증거에서 알 수 있듯이 다른 호미닌들의 DNA가 우리의 DNA에 얼마나 유익한지, 아니면 약간 해로운지 혹은 활성화됐는지는 아직 분명하지 않다.

따라서 과잉된 DNA를 만들어내는 진화의 작동 원리를 세 가지 범주로 분류할 수 있다. 첫째, 일부 염기서열의 유전적 이기주의로, 자신의 복사본을 효과적으로 만드는 능력을 가진다. 둘째, 기능적으로 중요한 다른 과정에서 발생하는 부수적인 결과로서, 본래 의도하지 않았더라도 어느 정도까지는 쓸모없는 결과물을 용인한다. 셋째, 변이와 진화 가능성(즉, 진화할 수 있는 능력)의 잠재적 선택지로서, 기능적인 이유로 선택돼 예상치 못한 긍정적인 효과를 발휘할 수 있다. 물론, 자연선택으로 인한 진화가 당연히 미래의 혜택을 예측할 수 없다는 점을 가정하면,

세 번째 작동 원리(진화적으로 일어날 수 있는 참신함)는 과잉된 DNA의 시작에 숨은 기능을 한 것이 아니라 단지 그 결과로 나타난 것이다.

노벨상을 받은 프랑스 생리학자이자 유전학자 프랑수아 자콥(Francois Jaçob, 1920~2013)은 유전체의 진화를, 계속해서 손보고 새로운 기능을 재사용하는 형태의 과정이라고 설명했다. DNA는 놀라울 정도로 보편적이다. 모든 생명체의 기본적인 생화학적 단위는 박테리아든, 고래든, 바이러스든, 코끼리든 모두 똑같은 고분자, 핵산, 네 개의 염기와 스무 개의 아미노산으로 구성된 단백질로 이뤄져 있다. 그리고 이 보편성을 통해 새로운 무언가를 추가하는 형태가 아니라 존재하는 것들을 계속 재사용하면서 생명체가 진화했음을 알 수 있다. 즉, 제한적인 재료를 지속적으로 재조합하면서 진화했다[20].

자연사의 특징은 놀랍도록 다양하다는 데 있다. "생명체가 일단 원시 자가복제 유기체의 형태로 시작했다면, 이후의 진화는 주로 이미 존재하는 화합물을 재구성하면서 일어났을 것이다. 새로운 기능은 새로운 단백질이 등장하면서 발달했다. 하지만 이는 그저 이전에 있었던 부분을 다양하게 변형시키는 것일 뿐이다[21]." 캄브리아기

대폭발(Cambrian explosion) 즈음에 이미 활성화됐던 몇 가지 발달 유전자의 경우처럼, 이미 알고 있는 기본 구조를 변형하거나 각 부분을 조합함으로써 제브라피시부터 호모 사피엔스까지 모든 동물의 신체 구조가 형성되는 것을 제어했다.

따라서 자콥에 따르면, 진화는 이미 존재하는 것들을 **땜질**하는 과정이다. 같은 구조적 정보를 제각기 다르게 활용하거나 조절하는 '거대한 과학상자'와 비슷하다[22]. 이는 주로 이전의 진화적 관성으로 작동했다. 예를 들어, 침팬지와 우리처럼 형태학적으로나 행동학적 차이가 꽤 존재함에도 실제로 매우 비슷한 유전적 구성(98% 이상 일치)을 가질 수 있는 이유도 여기에 있다. 이와 관련해 자콥은 이렇게 설명한다.

"시간과 공간에 걸쳐 같은 구조의 분포를 달라지게 하는 작은 변화만으로도, 최종 산물인 성체의 형태, 기능, 행동을 근본적으로 바꿀 수 있다. 항상 같은 요소들을 사용하고, 그것들을 수정하며, 여기저기서 잘라내고, 다른 조합으로 배열해 점점 복잡해지는 새로운 객체를 생산한다. 항상 땜질하는 것이다.[23]"

그러므로 땜질과 이를 허용하는 중복성이라는 이름으로 우리는 불완전함의 다섯 번째 법칙을 얻을 수 있다. **진화는 변화할 가능성과 관련이 있기에 감당할 수만 있다면 과도함은 변화의 원천이다.** 이를 양파의 법칙이라 부르자. 유전자의 측면에서 우리를 훨씬 능가하는 겸손하면서도 다재다능한 양파에 경의를 보내면서. 이제 자콥이 선언한 법칙으로 끝을 맺어보자. 이 규칙은 캘리포니아대학교 버클리에서 진행한 인상적인 강연 도중 등장했는데, 그 누구도 이보다 완벽하게 표현하지 못했다.

"종종 그 어떤 명확한 장기적인 계획 없이도 땜장이는 자신이 가진 도구로 새로운 물건을 만들어 예상치 못한 기능을 수행할 수 있다. 오래된 자전거 바퀴로 룰렛을 만들 수도, 부서진 의자로 라디오 캐비닛을 만들 수도 있다. 비슷한 방식으로 진화는 날개, 다리 혹은 턱뼈 조각으로 귀 일부를 만들 수 있다. 당연한 말이지만, 이는 매우 오랜 시간이 필요하다. 진화는 수백만 년에 걸쳐 서서히 자기 작업물을 수정하고 끊임없이 손질하고, 이쪽을 자르고 저쪽을 늘리며 새로운 용도로 사용하기 위해 계속해서 수정하는 땜장이처럼 행동한다.[24]"

CHAPTER 5

뒤집힌 상식, 인간의 뇌

이 말을 듣고 다들 새로운 방향으로 사고하기 시작했다. 특히 마르틴은 인간이 휘몰아치는 불안 혹은 무기력한 권태 속에서 살아야 하는 운명을 타고 태어났다고 결론지었다. 캉디드는 이 말에 동의하지 않았지만, 그 어떤 것도 단언하지 않았다. 팡글로스는 자신이 끔찍한 고통을 겪어왔음에도 항상 모든 것이 최선을 향해 나아가고 있다고 주장한 이상, 이 의견을 고수하려 했으나 실은 자신조차 믿지 않았다고 털어놓았다.

볼테르, 『캉디드 혹은 낙관주의』

여러분이 어떤 이유로 점점 깊이가 얕아지고 산소가 부족해진 연못에서 살아야 하는 가엾은 물고기가 됐다고 가정해보자. 여러분은 숨을 쉬어야 한다. 여러분의 친구들은 대부분 숨을 쉬지 못해 천천히 죽어가고 있다. 그러나 여러분의 후손을 비롯한 몇몇 생명체들은 공기를 들이마시고 산소를 조금 더 흡수할 수 있게 됐다. 어떤 축복받은 돌연변이 덕분에 식도 벽면이 영향을 받았기 때문이다. 이 미세한 이점은 서서히 여러분의 무리 속에 퍼질 것이다. 여러 세대가 흐르면서 호흡을 할 수 있는 주머니로 변했다. 이는 훗날 소화계 위에 자리를 잡아 규칙적으로 공기가 채워지는 주머니가 됐고, 마지막으로 셀 수 없이 많은 해부학적 돌연변이를 겪으며, 오늘날 허파라 부르는 기관이 됐다. 여러분은 수많은 동료와 함께 진화적 변이의 영웅이 됐다. 그리고 늘 그렇듯 필요는 발명의 어머니다. 수백만 년이 지난 뒤 고생물학자들은 이 모든 과정을 지켜보고서, 패배한 전투와 성공적이지 못한 시도에 적응한 땜질의 강력함을 이해하며 식도의 돌기가 허파로 변했다고 말할 수 있다. 완벽하진 않지만, 여전히 제 역할을 잘하고 있다. 진화는 가능성의 또 다른 모습이다. 그러면 뇌에도 같은 일이 벌어질 수 있을까? 뇌는 '불완전함'이라 분류될 수 있는 또 다른 진화의 작품일까?

뒤늦게 발달한 뇌

위대한 이탈리아 신경학자 리타 레비-몬탈치니(Rita Levi-Montalcini, 1909~2012)는 곤충의 뇌가 완벽하다고 주장했다. 원시적이고 먼지 입자만큼 작지만 6억 년 동안 환경적 문제에 안정적으로 대처할 수 있었다는 것이다. 이는 환상적이지만 불완전한 호모 사피엔스의 뇌와 정확히 반대에 있다. 이 "변덕스러운 돌연변이 놀이"의 결과는 "불안정하기에 더 창의적이고 양면적"이다[25]. 레비-몬탈치니는 척추동물의 뇌가 항상 불완전한 장치로서, 변이와 선택압에 영향을 받아 계속해서 재조립됐을 것으로 추측했다. 다른 한편으로, 무척추동물은 시작부터 완전히 옳았다. 그런 덕분에 곤충 세계에서는 아돌프 히틀러나 알베르트 아인슈타인이 태어날 일이 없었다.

양면적이고 예측할 수 없는 건 말할 것도 없거니와 우리의 뇌보다 품위 없고 취약한 건 없다. 이 부분은 자콥의 시각에서도 엿볼 수 있다. "인간의 뇌는 오래된 포유류 뇌에 새로운 구조물이 누적돼 만들어졌다. 낡은 포유류 대뇌에는 신피질이 추가됐는데, 이것이 아마도 빠르게, 아니 너무나도 빠르게 인류가 유구한 진화적 흐름에서 주인공의 자리를 차지하는 데 큰 역할을 했을 것이다[26]." 그렇다. 너무도 **빨리!** 다음 장에서 이 부분에 대해 더 자세히 다룰 것이다. 지금은 우리의 뇌를 비롯한 다양한 뇌의 독특한 해부학적 구조와 기능만 생각하자. 그리고 이를 진화적 수준에서 엄격하게 평가해보자. 이 모든 신경계가 불완전한 이유는 무엇일까?

가장 먼저, 우리의 뇌는 매우 선택적이며 여러 부위로 나뉘어 있다. 게다가 전자기파 스펙트럼의 극히 일부밖에 인지하지 못한다. 영장류로서 우리는 상대적으로 시각과 감각에 가장 많이, 소리에는 약간 덜, 그리고 후각에는 거의 투자하지 않았다. 더욱이 눈과 손을 통해 얻을 수 있는 외부 세계의 정보가 제한적이고 파편적인 터라, 우리의 뇌는 활발하게 내부적으로 이를 걸러내고 정리하고 분석한다. 하지만 더는 존재하지 않는 생태적 간극뿐만 아니라 이미 지난 경험으로 조건이 달라질 수 있으므로 그 결과로 얻는 해석은 부분적이고 그릇될 수밖에 없다. 이는 셀 수 없이 많은 착시와 인지 오류의 결과다. 우리의 감각은 물리적으로 한계가 있다. 그러므로 부지불식간에 잘못된 편견을 갖는 건 피할 수 없는 일이다. 우리는 우리의 작은 창문 틈으로 세상을 바라본다. 다른 동물들이 저마다 각자의 방법으로 세상을 바라보는 것처럼. 하지만 우리는 어떻게 독특하고 불완전한 인식과 인지만으로 우주에 갈 수 있었을까?

이는 까다로운 문제다. 특히 뇌가 화석으로 남아 있지 않다는 점에서 그렇다. 그러므로 아프리카에서 살았던 우리 조상의 뇌 내부가 어떻게 구성돼 있었는지 알 길이 없다. 우리는 오늘날 우리의 뇌를 침팬지의 뇌와 비교한다. 하지만 이는 600만 년 전 신경계의 진화로 갈라져 나온

두 친척에 대해 말하는 것일 뿐이다(그리고 화석의 개수가 한정적이기에 이들이 어떤 진화적 흐름을 거쳤는지 잘 모른다[27]). 다만 원시 뇌가 두개골 내벽에 남긴 자취를 분석할 수는 있다. 막, 돌기, 혈관 그리고 가장 바깥쪽 피질을 감싸는 주름과 회전 등이 그 자취다. 그런 다음에 인류의 기술 능력, 환경에 대한 적응력 그리고 사회성을 고려한 간접적인 증거를 종합해 지적 생명체를 추정할 수 있다. 하지만 우리의 사회적 응집성은 벌, 흰개미, 개미에 비하면 그리 대단하지 않다는 사실을 명심해야 한다. 더군다나 이들의 눈곱만한 뇌는 다윈이 『인간의 유래(*The Descent of Man*)』(1871)에서 이미 언급했듯이, "세상에서 가장 놀라운 물질의 작은 입자 중 하나"에 불과하다. 그러므로 다양한 실마리를 통해 우리의 길을 개척해야 한다. 그게 어딘가. 이제 우리 뇌의 자연사에 대해 우리가 무엇을 알고 있는지 들여다보자.

첫 번째 이상한 점은 시기에 관한 것이다. 우리가 생각하는 것보다 우리의 조상들은 커다란 뇌를 갖기 위해 조바심을 내지 않은 듯 보인다. 인류의 복잡한 역사는 침팬지와의 공통조상에서 호미닌이 분리된 대략 600만 년 전 아프리카에서 시작됐다. 600만 년이라는 지질학적 시간은 그리 길지 않지만 행동, 형태, 태도에 많은 변화를 축적하기에는 꽤 충분한 시간이다. 수십 년 동안 과학자들은 우리의 초기 조상이 보여준 중요한 혁신이 무엇인지 궁금해했고, 이들의 관심은 '놀라운 두뇌'에 집중돼 있었다. 그리고 인류의 진화 과정에 따른 뇌의 성장과 높아진 지능이 진화 여정의 결정적 매개체가 됐을 것이라고 추정했다. 이는 나중에 틀렸다는 사실이 밝혀졌는데, 과학자들이 잘못된 곳을 들여다보고 있었기 때문이다.

그렇다. 완전히 틀렸다. 인류 역사 중 3분의 2에 해당하는 시간 동안, 20종 이상에 이르는 호미닌의 뇌 크기는 크게 변하지 않았다. 이는 초기 진화에서 큰 뇌가 그리 중요하지 않았음을 보여준다. 실제로 우리의 조상들은 역사의 대부분을, 남녀 차이를 빼면, 오늘날의 우리 뇌 크기의 3분의 1로 살아왔다. 여기에는 아르디피테쿠스(*Ardipithecus*), 루시(Lucy, 오스트랄로피테쿠스속 아파렌시스) 같은 멸종된 영장류와 세디바(*Sediba*) 그리고 강인한 파란트로푸스(*Paranthropus*)가 해당한다. 600만~200만 년 전 등장했던 이들은 모두 우리의 조상이었을 가능성이 있으며, 모두 각자의 방식대로 이족보행을 했다. 하지만 모두 침팬지의 뇌 크기에서 벗어나지 못했다. 요점이 뭐냐고?

만약 뇌가 우리의 생존에, 그리고 사회적인 영장류로서의 성공에 그렇게 중요한 기관이라면 왜 그렇게 늦게 진화하기 시작한 걸까?

그 비밀은 다른 곳에 숨어 있다. 바로 신체의 반대편 끝인 발에 있다(아쉽지만 여기서는 이 정도로 마무리하기로 하고 다음 장에서 더 자세히 다루겠다). 가장 초기의, 그리고 사람속(*Homo*)이 막 등장한 대략 200만 년 전이 돼서야 인류의 뇌가 눈에 띄게 성장하기 시작했다. 늦더라도 영영 오지 않는 것보다는 나을 것이며, 적어도 그 지점에서 인류의 진화 여정은 성공적으로 흘러가고 있었다. 현명한 인류라는 정점을 향해서, 적어도 교과서에 기록된 바에 따르면 그렇다. 하지만 이조차도 진실이 아닐지도 모른다. 최근까지도 사람속의 뇌 성장이 일정한 흐름으로 진행됐다는 사실에 다들 동의했다. 그러니까 점진적이고 멈출 수 없는 흐름이었다는 것이다. 하지만 이는 사실이 아니다.

두 개의 작은 뇌가 상식을 뒤집다

가장 먼저, 그리 동떨어진 이야기는 아니다. 플라이스토

세(Pleistocene epoch, 홍적세, 빙하기)라 알려진 기후적으로 불안정한 시기가 시작되던 250만 년 전, 세 개의 다른 속에 속하는 다양한 종들이 에리트레아부터 남아프리카 끄트머리로 이어지는 광대한 영역에서 서식했다. 현재는 사라진 오스트랄로피테신류(Australopithecines)*는 숲속 서식지가 줄어들고 초원으로 변하던 과도기 무렵, 숲의 가장자리에 주로 살았는데, 이들은 아마도 탁 트인 공간에 적응한 첫 호미닌 종일 가능성이 있다. 시간이 흐르며 조각난 환경에 적응한 두 가지 대체 가능한 '모형'이 등장했다. 하나는 잡식성 식습관을 지니고 석기를 사용하며 뇌의 크기가 점진적으로 커졌던 '사람속' 유형이었고, 다른 하나는 납작한 이빨로 질긴 섬유질을 섭취한 초식성 식습관과 거대한 몸집을 지녔던 '파란트로푸스' 유형이었다.

널리 알려졌음에도 하나로 규정하기 어려운 초기 인류 호모 하빌리스(*Homo habilis*)는 오스트랄로피테신류보다 다리가 길어졌고, 뼈가 가벼워졌으며, 얼굴이 평평해졌고, 뇌 부피가 (가장 최근의 표본에서처럼) 1.5배 정도 늘어났

* 호미닌 분류군에 속하는 초기 인류들로, 오스트랄로피테쿠스(*Australopithecus*)와 유사한 특성을 가진 여러 종을 포함한다. 이들은 대체로 이족보행을 했으며, 인류 진화의 중요한 단계를 대표한다.

다. 입천장은 더 동그래졌고, 이빨은 전형적인 잡식성 동물의 특성을 드러냈다. 게다가 호모 하빌리스가 서식하던 장소에는 날카로운 돌 조각들이 많이 발견됐는데, 이는 그들이 이미 자갈을 부딪쳐 깨는 방식으로 돌을 세공할 수 있었음을 알려준다. 그러면 뇌는 과학적 기술과 함께 커졌을까? 확신하기는 어렵다. 호모 하빌리스보다 그 이전 시대를 살았던 다른 종들도 나무나 뼈로 만든 도구를 사용했을 가능성이 있지만, 화석 흔적이 남아 있지 않기 때문이다. 게다가 2015년, 그보다 복잡하고 차별화된 석재 사용 흔적이 케냐의 투르카나 호수의 서쪽 연안에서 발견됐다. 이는 대략 330만 년 전의 유적으로 이제까지 발견된 것 중 가장 오래된 석기였으며, 사람속의 것으로 추정되는 것보다 70만 년이나 앞선 것으로 밝혀졌다. 그런데 특이한 점은 이 석기를 만든 이들의 뇌가 그리 크지 않았던 것처럼 보인다는 점이다.

뇌가 성장한 사람속의 발굴지에서는 몇 가지 특징이 발견되는데, 사용할 재료들의 물리적 특성에 대한 지식, 돌이 쪼개지기 쉬운 부분을 찾는 손재주, 작업 시 부상을 방지하기 위한 감각-운동 기술을 조절하는 능력 그리고 나이 어린 집단 구성원들에게 지식을 전달하는 능력을 포함한 최초의 복잡한 행동 체계들이 그것이다. 우리의 조상은 물체를 다룰 수 있었을 뿐 아니라 나중에 사용할 용도로 변형하기 시작했다. 이들은 자신들이 만든 창조물에 대한 개념을 잡을 수 있었다. 초기 인류는 최적의 돌을 찾을 수 있는 강 유역을 파악하고, 최적의 돌을 거주지로 옮겨 와 안전하게 세공했다. 즉, 사회를 조직하고 미래를 내다보며 계획하는 데 소질이 있었다. 이 모든 능력은 대뇌의 두정엽과 전두엽이 하는 일로, 훗날 더 커졌다.

그러나 이 과정은 선형적으로 일어나지 않았다. 호모 하빌리스는 개별 개체마다 커다란 내부 변이를 보였으며 (뇌의 크기가 600~800cc에 이를 만큼 각기 차이가 있었다), 어쩌면 그들은 사람속의 초기 종 중 그저 하나에 불과했을 것이다. 이 기술적 능력은 꽤 오랫동안 안정적으로 유지됐고, 어떤 종류의 혁명적인 행동 변화도 불러일으키지 않았다. 그 시기의 필요를 충족시키기에 이 도구들로 충분했을 것이다. 하지만 뇌가 완벽한 방향으로 나아가는 중이었다면 왜 더 이상의 기술적 진전이 없었을까?

어쩌면 커다란 두뇌로 이끈 선택압은 다른 곳에서 찾아야 할지 모른다. 적어도 사냥은 아닌 것으로 보인다. 인류는 오랫동안 사바나에서 적극적으로 사냥한 것이 아니라

하이에나, 독수리와 함께 옆에서 기회를 엿보는 청소부로 살아왔기 때문이다. 지역적 측면도 고려 대상이 되기 어렵다. 150만 년 전까지 살아남았던 다른 호미닌 종들도 비슷한 환경에서 살았다. 심지어 200만 년 전 아프리카 밖 중동과 조지아 등지의 친숙하지 않은 환경에서 별로 발달하지 못한 두뇌를 가진 인류가 살아남았다는 점에서 더더욱 그렇다. 이제 남은 건, 우리의 뇌가 사회적 관계의 복잡성과 나란히 성장했으며, 적응에 유리한 측면에서 개별 개체들의 발달 속도를 늦춤으로써(나중에 더 자세히 언급하겠지만, 중요하면서도 불완전한 유형성숙 현상) 학습, 모방, 창의적인 혁신 능력을 증진시켰다는 가설이다.

지금까지 밝혀진 바로는, 사람속의 다양한 종들(12종 이상이 있으며 이는 한 무더기다!)에서 뇌는 어떤 방식으로든 발달해, 관찰 능력, 공간 인지 능력, 정신적 유대, 사회적 협력 그리고 먹이와 포식자의 흔적을 해석하는 능력을 키웠다. 이런 발전은 필연적이거나 규칙적이지 않았다. 아프리카를 떠나 다른 지역으로 이동한 초기 인류 중 한 종은 적어도 1백만 년 동안 인도네시아의 플로레스섬에 살았으며, 불과 5만 년 전에 멸종했다. 섬에 갇혀 덩치 큰 포유류들의 크기가 줄어든 섬왜소화(Island dwarfism)라는 선택적인 과정의 결과로 호모 플로레시엔시스(*Homo floresiensis*)의 덩치도 소인족만큼이나 줄어들었다. 평균 키는 1미터 정도에 뇌의 크기가 우리의 3분의 1 정도인 420세제곱센티미터였다. 그럼에도 이들은 어마어마한 과학기술을 발달시켰고 유능한 사냥꾼이기도 했다. 이들은 거대한 크기의 쥐, 크기가 작은 코끼리를 잡아먹었으며, 코모도왕도마뱀과 함께 서식했다. 이 작은 섬에 꽤 잘 적응했고, 어쩌면 호모 사피엔스라는 침입종이 찾아가지 않았더라면 지금도 그곳에서 잘 살고 있었을 것이다.

여기서 불가피하게 성장할 수밖에 없었던 사람속의 뇌 크기를 고려하면, 우리가 알던 원칙의 첫 번째 예외를 확인할 수 있다. 적어도 한 종은 지능에 거의 차이가 없으면서도 머리가 작아지는 쪽으로 진화했으며, 그 때문에 딱히 큰 손해도 없었다. 물론 이 상황이 예외적이었다면 여기서 끝나는 놀라운 이야기 정도로 취급됐을 것이다. 하지만 실제로 2015년, 태고와 현대의 특징이 혼재된 사람속의 또 다른 종이 발견됐다. 이번에는 남아프리카 요하네스버그 근처에서 발견된 호모 날레디(*Homo naledi*)였다. 수천 개의 뼈가 발견됐는데, 두개골 구조로 봤을 때 뇌가 560세제곱센티미터 정도 되는 남자로, 대략 200만 년 전 살았던 인류의 조상으로 추정됐다. 하지만 이는 2017년에 밝혀져 모두를 충격에 빠트린 한 가지 사실로 뒤집혔다. 바로 호모 날데리가 살았던 시기가 200만 년 전이 아니라, 33만 5천~23만 6천 년 전 사이였다는 점이 연대 측정으로 밝혀진 것이다.

이 결과는 정말 놀라웠다. 아프리카에서 뇌의 크기가 컸던 몇몇 호모 하이델베르겐시스(*Homo heidelbergensis*)가 호모 사피엔스로 변하는 동안, 우리 뇌 크기의 3분의 1 정

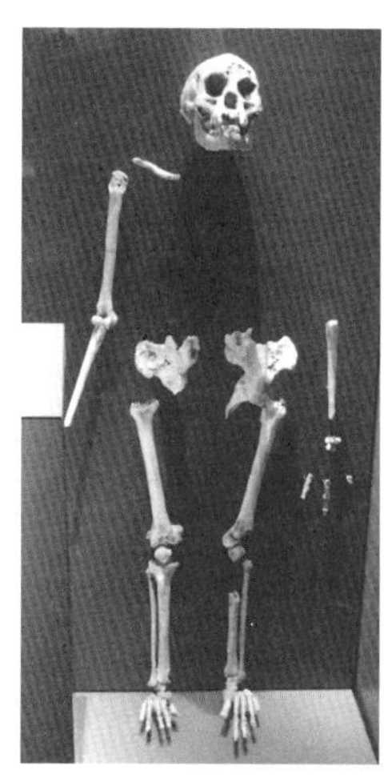

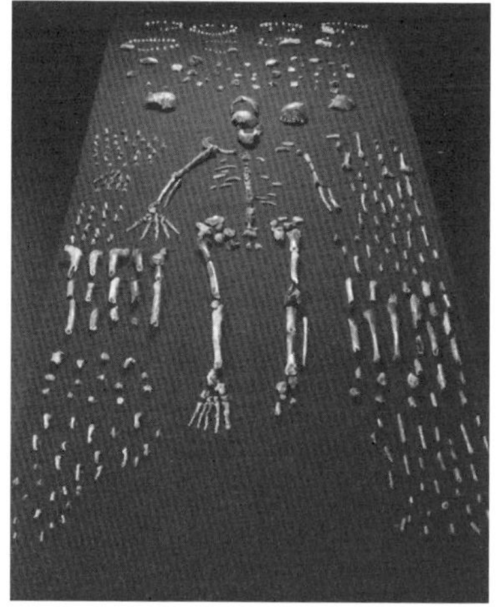

(좌) 영국 런던박물관에 소장 중인 호모 플로레시엔시스 골격 표본. (우)남아프리카공화국 비트바터스란트대학교 고인류학자 리 로저 버거(Lee Roger Berger) 연구팀이 공개한 호모 날데디의 골격 표본. 이 두 종은 뇌의 크기가 지능의 유일한 진화적 지표가 아님을 말해준다.

도 되는 어떤 사람속은 남아프리카를 배회하며 잘 살고 있었다. 여전히 나무 위에서 사는 삶에 잘 적응했으며 심지어 지리적으로 고립되지도 않았다. 동시에 유럽에서 첫 네안데르탈인을, 중앙아시아에서 데니소바인을, 그리고 인도네시아에서 호모 플로레시엔시스를 발견했는데, 이들의 뇌 크기는 종에 따라 420~1500세제곱센티미터까지 다양했다. 그렇게 작은 뇌로 최근까지 살아남은 기이한 사람속이 두 종으로 늘어났다. 이 두 종은 사회적 혹은 기술적으로 더 복잡해지면서 사람속의 뇌가 매우 느린 속도로 커졌다는 유서 깊고 잘 구축된 듯 보였던 견해를 정면으로 부정한다.

뇌를 위한 너무도 많은 절충안

사람속의 일부 종에서 종마다 다른 궤적과 다양한 조합을 통해 뇌가 성장했는데, 결국 가장 똑똑한 두 사촌만 남았다. 한 종은 30만~20만 년 전 아프리카에서 태어난 우리 호모 사피엔스였고, 다른 한 종은 대략 40만 년 전부터 유럽에서 살기 시작해 4만 년 전까지 살아남았던 (호모 사피엔스보다 유서 깊은 뿌리를 가진) 네안데르탈인이었다. 수많은 종 중 하나인 호모 사피엔스는 해부학적 그리고 인지적 특징의 전례 없는 조합을 유지하는 종으로, 훨씬 나중(약 7만 5천 년 전 이후)에 특히 더 유연하고, 유동적이며, 창의적이고, 공격적이며, 말이 많은 생명체로 발전했다. 그런 가장 최근의 폭발적인 발전 덕분에 오늘날 우리는 사람속 중 유일한 생존자로 남았다.

우리 인류와 네안데르탈인의 뇌 성장은 완전히 다른 길로 들어섰다. 네안데르탈인의 경우, 두개골 안에서 뇌가 전후방으로 확장돼 마치 럭비공처럼 길쭉한 모양으로 커졌다. 반면, 우리는 뇌가 더욱 구형으로, 즉 축구공처럼 머리가 위로 둥글어졌고, 이마가 높아지며, 뇌가 확장했다. 오른쪽과 왼쪽 뇌의 비대칭성은 사람속의 탄생부터 있었던 공통적인 특징인 듯 보이기에, 이러한 특징은 적어도 개략적인 차원에서 우리만의 특수성을 의미하지 않는다. 우리는 전두엽(언어, 결정, 추상적 개념 처리와 같은 고등 인지 기능)과 두정엽(계획, 추론, 문제 해결, 감정 조절, 행동 조절 및 언어의 특정 측면을 포함한 다양한 고급 인지 기능)이 특히 더 중요해졌으리라는 사실을 제외하고는 과거의 뇌 내부 구조에 관해 거의 알지 못한다. 그러나 여기에도 불완전한 타협이 눈에 띈다.

전체적으로 봤을 때 신체의 일부가 다른 부분보다 커지면 약간의 조정이 필요하다. 주목할 만한 개인차를 고려하더라도, 우리의 뇌는 우리와 몸집이 비슷한 유인원의 뇌보다 평균적으로 세 배 이상 크다. 그러므로 200만 년이 넘는 기간 동안 뇌는 두개골 벽면을 꽤 강하게 압박했을 것이다. 가끔 점점 커지는 덩치 큰 뇌 때문에 높아지는 내부의 압력을 수용하기 위해 두개골도 뇌의 형태에 맞게 적응해야 했다. 그러나 다른 상황에서도 머리의 구조적인 한계(예를 들어, 얼굴과 턱뼈 사이의 제약)가 드러났고 뇌도 이에 적응해야 했는데, 이는 놀라운 타협이다.

또 다른 문제는 뇌가 온도에 민감하다는 것이다. 고환처럼 뇌는 과열되면 안 된다. 하지만 뇌 부피가 커지면 표면적은 더 많이 뜨거워지는데, 이는 분산되는 표면적이 부피처럼 세제곱으로 커지는 것이 아니라 제곱으로 커지기 때문이다. 3차원과 2차원 사이의 물리적인 충돌이 존재하는 것이다. 이에 대한 타협안은 조밀한 혈관망을 만들어내는 것이었다. 혈관은 산소 공급뿐만 아니라, 자동차의 냉각 장치처럼 온도 조절 기능도 담당한다. 그런데 이 타협안은 두통의 원인이 되는 또 다른 불확실한 절충

안일 수 있다.

잘 알려져 있듯이, 우리 머릿속에 있는 이 놀라운 발명품의 유지비용은 매우 비싸다. 이 발명품은 우리가 쓰는 전체 에너지 중 20퍼센트를 소모한다. 그런데도 우리의 체질량을 생각하면, 우리의 소화기관은 다른 포유류와 비교해 성능이 그리 좋지 못하다. 우리는 진화 과정에서 다른 곳에 들어갈 에너지를 아낀 비용으로 뇌의 크기를 키우는 데 써야 했다. 어쩌면 소화기관에서 혹은 성장하고 삶을 이어 나가는 과정에서, 그리고 그와 관련한 에너지 소비 속도를 늦추면서까지. 의심의 여지 없이 우리의 식단은 동물성 단백질을 더 많이 섭취하면서 훨씬 풍부해졌다(처음에는 동물의 사체에서 부패한 고기와 골수를 비굴한 방식으로 섭취했으나, 이게 세상이 돌아가는 이치다). 특히 탄수화물이 풍부한 덩이줄기를 요리하는 법을 배우면서 더 많은 에너지를 얻을 수 있게 됐다. 물론 이런 식단의 변화가 뇌 성장의 원인인지 아니면 결과인지는 알 수 없다.

비록 소화 체계와 식단 사이의 타협은 있었지만, 뇌는 외부 환경과 상호작용하면서도 자체적인 진화적 변화와 발달을 통해 계속해서 성장했다. 대뇌피질은 접히면서 미로 같은 복잡한 주름을 형성했지만, 실제로 어떻게 진행됐는지는 추측의 영역으로 남아 있다. 이 과정이 마무리 될 때쯤 두정엽에서 급격한 팽창이 일어났다. 이는 다른 거대 유인원의 두정엽과 다를 뿐 아니라, 네안데르탈인의 뇌보다 눈에 띄게 크고 길어졌으며 더 둥그렇게 변했다. 이는 우리만이 갖는 특징이다. 우리의 뇌 상단은 태어난 지 얼마 안 됐을 때 발달하며, 서로가 연결돼 작동하는 다양한 뇌 활동과 관련이 있다. 이는 특히 신체 조절, 시공간적 통합, 민첩한 손가락 사용, 손과 눈의 협력 그리고 촉각같이 인류가 두드러진 능력을 보이는 기본적인 부분과 관련이 있다[28].

하지만 이상적인 뇌라면 굳이 이렇게 구성될 필요가 없었다. 완전히 처음부터 다시 설계한다면, 각 부분의 어설픈 배열이나 타협 없이 완전히 다른 형태가 됐을 것이다. 진화는 특정한 의도가 없는데, 특히 이는 기이하고 복잡한 뇌 구조에서 뚜렷하게 드러난다. 진화는 이미 존재하는 것 위에 변이를 축적하며, 그 과정은 되돌릴 수 없다. 몇몇 신경생리학자에 따르면, 심지어 우리의 시냅스 간격조차 최고의 효율을 내지 못한다. 수천 년 전까지 생존했던 다른 사람속(예를 들어, 우리보다 뇌의 크기가 같거나 컸던 네안데르탈인)은 '우리와 거의 닮지' 않았다. 이들의 뇌는 우리의 뇌보다 후두부가 상대적으로 크고 두정엽은 작았는데, 그들 나름의 방식으로 불완전했다. 쉽게 말하자면, 우리의 불완전함이 다른 사람속의 불완전함보다 더 잘 기능했다.

뇌를 땜질하다

이제 자연선택에 의한 이 뛰어난 장치, 즉 세계의 규칙성을 처리하고 해석하는 데 사용하는 우리 뇌의 진화에 관해 일반화해보자. 이 과정에는 두 가지 구별되는 작동 원리가 작용하는데, 둘 다 불완전함을 만들어낸다[29]. 첫 번째 작동 원리는 이른바 복기지의 원리(Palimpsest principle), 그러니까 이전에 적혀 있던 문구를 완전히 지우고 여러 번 다시 쓸 수 있는 중세 양피지와 비슷하다. 예를 들어, 이 작동 원리는 다양한 오래된 기술 위에 새로운 기술이 축적되는 방식을 통해 명확하게 그 진가가 드러난다. 셀 수 없이 다양한 사례에서 이미 목격했듯이, 자연선택으로 인한 진화는 필요에서 이점을 만들어낸다. 진화의 영역에서 낡은 것을 버리고 완전히 새로운 것으로 대체하는 일은 매우 드물다. 계속해서 생존해야 하기에 완전히 새로운 것으로 대체하는 일은 비용이 너무 많이 들고 위험할 수 있기 때문이다. 비슷하게 우리는 뇌 안에서 오래된 부분과 새로운 부분 사이의 일관성 있는 조화를 통해 오래된 것(보통 감정과 신체의 기능과 관계가 있는 부분)에 새로운 것(인지와 언어적 활동과 관계가 있는 부분)이 점점 스며드는 과정을 볼 수 있다. 하지만 이 둘 사이의 위계는 절대 깔끔하게 분리되지 않는다.

그러니까 우리가 수많은 동물 친척과 공유하는 원시 후뇌, 즉 호흡과 균형 같은 기본적인 기능을 조절하는 부분은 시각과 청각 반사를 담당하며 더 최근에 발달한 중뇌와 겹쳐졌다. 이 중뇌 위에는 진화적으로 더 젊은 전뇌가 자리 잡았으며, 이 전뇌는 언어적 기능과 의사 결정 기능을 담당하지만, 그렇다고 해서 더 오래된 뇌들과 협력하지 않고 독립적으로 이 기능을 수행하는 것은 아니다. 따라서 새로운 것은 오래된 것과 조직을 이루고 융합하면서 더 오래된 부분과 협동하며 진화했다. 예를 들어, 말하고 그림 그리고 생각하는 방식처럼 진화의 측면에서 최근의 과제 처리도 역시 오래된 것들과 협력을 통해 수행한다. 그리 우아한 과정은 아니지만, 적어도 화가인 레오나르도 다빈치(Leonardo da Vinci, 1452~1519)의 머릿속에서는 꽤 잘 작동한 것 같다.

두 번째 작동 원리는 자연사의 과정에서 일어난 대뇌의 적응을 통해 오래된 구조가 새로운 기능을 얻게 된 진화의 흐름과 관련이 있다. 앞서 봤듯이, 사람의 뇌는 대략 200만 년 전부터 그 크기가 커지기 시작했지만, 이는 사람속에 해당하는 개체만 그랬다. 그 당시의 생존능력은 오늘날과 달랐다. 빽빽하게 가지가 뻗은 사람속의 계보에서 20만~30만 년의 역사를 살짝 넘은 호모 사피엔스의 역사는 그리 오래된 편은 아니다. 호모 사피엔스는 가장 최근에 진화했는데, 이 당시에도 여전히 다른 사람속들이 지구에 살고 있었다. 호모 사피엔스는 처음에는 별로 특별해 보이지 않았다. 하지만 곧 여러 특징이 융합되면서 성공적인 결과를 보여줬다. 이전에 축적돼 있던 진화적 관성에서 시작한 호모 사피엔스의 뇌는 반복해서 다시 적응할 필요가 있었다. 그 결과, 이전 단계에서는 예측하지 못했던 재사용될 수 있는 잠재적 가능성이 새롭게 생겨났다.

대략 7만 5천 년 전, 여느 때처럼 아프리카에서 시작한 현생인류는 생존의 필요성과 직접적으로 관련 없는, 이전에는 대규모로 등장한 적 없던 행동과 기술들을 발달시키기 시작했다. 추상적인 그림, 신체에 착용하는 장신구, 매장 의식, 동굴 벽화, 악기를 비롯한 다양하고 창의적인 혁신들이 그 증거다. 상상력의 세계가 시작되는 순간이었는데, 그 시기는 늦었지만 매우 재빠르게 진행됐다. 시기를 생각하면 아마도 DNA처럼 뇌의 특정한 영역(특히 전두엽과 두정엽)도 한쪽이 원래의 역할을 담당하는 동안 다른 부분은 더 향상된 기술에 특화되는 과정을 반복하며 확장되고 복제됐을 것이다.

완벽하지 않은 덕분에 우리의 뇌는 외부 환경의 변화에 유연하게 적응할 수 있는 커다란 장점을 가지며 두 번이나 모습이 변하게 됐다. 먼저 신경회로는 진화의 과정에서 이전에 계획되지 않은 기능을 얻어 선택압에 빠르고 유연하게 대처할 수 있게 됐다. 우리가 글을 읽고 쓰기 시작한 지는 5천 년밖에 되지 않았다. 그리고 우리의 뇌는 이를 '위해' 진화한 건 아니지만, 분명히 이런 과제를 잘 수행하고 있다. 신경계가 발달하며 쉽게 조화를 이룬 덕분에 성장하는 동안 다른 부분을 희생하고, 특정한 부위를 확장시켜 엄청난 이득을 취득하고 적응할 수 있도록 했다. 그러므로 글을 읽는 이들의 뇌와 무언가를 배워본 적이 없는 이들의 뇌는 문화적으로뿐만 아니라 생물학적으로도 다를 수밖에 없다. 이 기술이 아니라 다른 기술을 활용했다면 대뇌피질은 제각기 다른 기능을 가진 것으로 분화됐을 것이다. 이는 생물학과 문화가 서로 영향을 미친다는 뜻이다.

두 번째로 진화의 과정에서 처음에는 특정한 기능(예를 들어, 감각 운동)만 담당했던 회로도 환경적 그리고 사회적 맥락이 변하면서 다른 기능(예를 들어, 도구, 의사소통, 추상적인 개념을 활용하는 능력)을 흡수했다. 예를 들어, 손기술과 몸짓을 관장하는 부분은 언어를 담당하는 부분과 밀접하게 연결돼 있는데, 이는 둘 사이에 진화적 연결고리 혹은 심지어 두 능력에 겹치는 부분이 있다는 것을 시사한다. 뉴런의 이동, 보상, 재건, 뜻밖의 전향을 비롯한 재사용 덕에 우리의 뇌는 발달과 진화 두 분야에서 모두 유연해질 수 있었다.

현생인류의 뇌를 진화적으로 재구성하는 일이 (앞에서 언급한, 근육에서 뇌로 이전돼 다른 역할을 하는 오스테오크린 유전자처럼) 유전적인 기반에 기초해 있다는 사실을 모르는 사람은 없다. 성장하는 과정에서 이 독특한 부분은 더욱 분명해진다. 인류의 뇌에서 눈에 띌 정도로 중요한 특징은 느린 성장이다. 태어난 후로 족히 20년은 걸린다. 다음 장에서 살펴보겠지만, 유아기와 청소년기는 우리에게 가장 중요한 진화적 유산이다. 즉, 인류의 인지 능력은 특히 경험적 배움에 의지한다는 뜻이다. 선택적 정리, 이동, 분화, 그 밖의 여러 과정을 통해 신경회로는 성장하는 동안 풍부한 구조적, 기능적 변화를 겪는다. 이는 문자 그대로 우리의 경험에 의해 조각된다. 우리가 발달하는 동안 대뇌의 이런 변화는 신경 전달 그 자체에 의해 조절되는 유전자에 의해 매개된다. 바로 오스테오크린 같은 유전자들이 우리의 뇌를 유연함의 대가(大家)로 만든다.

하지만 종종 그렇듯이 이 진화적 훈장에는 희생이 따른다. 우리의 뇌는 완전히 기초부터 구축되지 않은 진화의 우연한 산물이다. 그렇기에 뇌는 쉽게 아프고 자제력을 잃기 쉽다. 이런 부정적인 진화의 특징을 고려하면, 몇몇 학자들이 인류의 정신적 질병에서 숨겨진 독특한 이점을 찾으려 하는 것(마치 모든 일이 최선의 결과를 내놓는다는 듯이 생각하는 착각)보다 뇌의 불완전함이 다양한 형태의 정신적 고통으로 우리에게 슬픔을 준다는 사실을 인정하는 편이 훨씬 더 간단할 것이다. 우리 조상이 잘못된 방향으로 진화했기에 조현병과 우울증을 얻었다는 말은 아니다. 물론 이는 심각한 문제다. 대체로 같은 방식으로, 모습이 잘 변하고 부피가 커진 우리의 뇌는 특유의 불완전함 때문에 특정한 퇴행성 질병으로 인한 취약성이 커졌다. 레비-몬탈치니가 지적했듯이, "우리의 뇌는 심리적 복잡성과 행동 이상을 둘러싼 불협화음의 결과다[30]."

이제 이 장과 앞 장에서 배운 내용을 함께 정리해보자. 진화로 탄생한 가장 복잡하고 창의적인 체계 두 가지(유전자와 뇌)는 복잡하게 뒤얽혀 불필요한 부분이 많으며, 정말 불완전하고 쓸데없이 복잡하다. 이것들은 땜질과 조정, 임기응변 그리고 보상의 결과다. 이 장치들은 캘리포니아 만화가인 루브 골드버그(Rube Goldberg, 1883~1970)가 발명한 장치* 같은 모습을 하고 있기에 둘 다 기계적 시험을 통과하지 못할 것이다. 원인과 결과가 서로 얽히고설켜 탄생한 놀라울 만큼 복잡하고 믿기지 않는 형태의 장치는 대체로 간단하지만, 때때로 예상치 못했던 불필요한 작업을 수행하기도 한다. 그런데도 이 두 가지 우아하지 못한 체계, 유전자와 뇌는 35억 년 동안 지구가 만들어낸 특성 중 가장 특별한 것들이다. 이 둘은 순수한 목적으로 지구를 찾아온 외계 손님에게 자랑스레 보여줄 수 있는 생명체의 근원이다.

* 생김새나 작동 원리는 아주 복잡하고 거창하지만 실제로 하는 일은 아주 간단하고 오로지 재미를 추구하는 매우 비효율적인 장치다.

뇌의 진화는 흡사 지난 세기의 멋진 경주용 자동차에 페라리 엔진을 장착한 것과 비슷하다. 그 성능은 비범하지만 모든 게 완벽하게 작동하지만은 않을 거라고 추정하는 게 합리적이다. 다시 한번 자콥의 말을 빌려보자. "신피질이 만들어지는 과정과 오늘날까지 남아 있는 고대 신경계와 호르몬계 일부는 자율신경계 아래, 그리고 일부는 신피질의 아래에 자리 잡고 있다. 이 진화적 과정은 땜질과 매우 흡사하다[31]." 예상할 수 있겠지만 기묘한 장치같이 지적, 행동적 성과는 양가감정을 겪게 할 수 있다. 어떤 면에서 놀랍고 다른 면에서는 끔찍할 수 있다. 창의력이라는 상징적인 상상력의 산물을 보여준 호모 사피엔스는 머지않아 지구상에서 그 무엇보다 중요한 존재[32]가 돼 다른 모든 사람속을 멸종시켰고, 접촉하는 모든 생태계를 완전히 바꿔놓았다.

우리와 그들

여기서 설명한 두 가지(과거의 흔적을 재사용하는 것과 원래의 기능과 다른 용도로 재구조화해 사용하는 방식의) 작동 원리는 우리 뇌에 진화적 불일치, 그러니까 본질적인 부조화를 만들어 냈다. 이성의 복잡성을 다루는 새로운 영역(신피질)은 생존 본능을 관장하는 오래된 영역(변연계)을 대체하기보다 그 위에 올라탔다. 이 오래된 영역은 개인의 생존에 필수적인 생물학적 기능을 계속 수행해야 했으므로 자연선택으로 잘 보호받을 수 있었다. 새로운 영역은 오래된 영역 위에 올라타 어떻게든 상호의존적인 관계를 이어 나갔다. 리타 레비-몬탈치니의 말을 빌리면, "신피질 주름과 변연계가 수행하는 기능의 이러한 진화적 불균형은 문화유산의 지속적인 발전과 축적 과정에서 필연적으로 더욱 강화됐다[33)]." 우리의 뇌에 잠재된 복잡한 상호작용과 그에 따른 문제는 다시 살펴볼 것이다.

그러므로 경험에 따라 구조와 기능을 변화시킬 수 있는 뇌 가소성(Brain plasticity)*은 두 얼굴의 야누스이기도 하다. 어떤 면에서 보면, 우리 마음은 갈대처럼 쉽게 흔들려 세뇌가 쉬워지고, 이러한 문화적 요인 때문에 개인과 무리의 행동은 가장 추악한 결과로까지 이어질 수 있다. 다른 한편에서 보면, 문명의 가치를 어린 시절부터 가르칠

* 신경 가소성(Neuroplasticity)이라고도 불리며, 뇌가 경험, 학습, 환경 변화에 대응해 그 구조와 기능을 변경할 수 있는 능력을 이른다.

수 있으므로 다른 동물들한테서 쉽게 관찰되지 않는, 즉 본능을 비활성화해 억누를 수 있다. 신경과학의 여러 사례는 이 이중성을 잘 설명한다.

기능성 자기공명영상(MRI)을 활용한 최근의 몇몇 연구에 따르면, 익숙하지 않은 사람(꾸준히 잘못되게 불리는 '인종')의 얼굴을 볼 때 우리의 뇌는 정말 흥미롭고 모순되는 반응을 보인다. 흑인에게 백인의 얼굴을, 혹은 그 반대로 보여주면 피질 아래 깊은 내부, 특히 편도체 부분이 즉시 활성화돼 잠재적으로 위험하다는 신호를 보낸다. 마치 뇌는 이렇게 말하는 듯하다. "이게 누구야? 우리 공동체 일원이 아니잖아. 저 사람은 이상해, 우리 편이 아니야." 하지만 이 무의식적인 인식의 유통기한은 매우 짧다. 대뇌피질 윗부분이 제 역할을 하는 동시에, 대뇌피질의 다른 부분이 원래의 즉각적인 감정적 반응을 부인하고 제한할 뿐만 아니라 처음 두 가지를 조화시키기 때문이다. 이는 마치 이성의 목소리와 자가조절 능력으로 평정심을 되찾아, 그저 또 다른 인간의 얼굴일 뿐이라는 진실을 우리에게 일깨워주는 것과 같다.

실제로 과학자들은 마음을 제어하는 내부 영역에서 어떤 갈등이 일어나는지를 녹화했다. 이는 즉각적으로 일어나는 부정적인 충동과 평등주의적인 의지 사이, 그러니까 무의식적 태도와 의식적인 태도 사이의 갈등을 드러냈다. 이 갈등에는 진화론적 이유가 담겨 있는 듯 보인다. 다윈이 이미 이론화하며 보여준 다양한 자료를 통해 확실해졌듯이, 호모 사피엔스는 작은 사회적 집단의 오랜 역사를 거쳐 탄생했다. 우리는 작고 조직적이며 결속력 있는 공동체의 일원으로 변모했는데, 그렇게 내부적으로 단합된 공동체는 거의 항상 다른 부족들과의 갈등을 겪었다. 그래서 역설적으로, 집단 간 갈등은 우리 집단 내 이타주의의 탄생으로 이어졌다[34]. 그 결과 누가 '우리' 편인지 그렇지 않은지를 순식간에 판단해내는 강력한 능력을 갖추게 됐다. 빠르게 판단을 내리는 데 이는 중요했다. 이런 태도에서 협동의 양면적인 뿌리를 쉽게 볼 수 있다. 한편으로는 동조, 종족주의 그리고 다른 한편으로는 비동조, 분파주의가 그것이다.

오늘날 우리가 가진 이 역사적 유산은, 서로 다른 진화적 배경을 가진 신경 영역이 상호작용하며 때로는 충돌을 일으키지만, 특별히 다른 제약이 없는 경우에는 서로 조화롭게 작동해 타협점을 찾는다. 여기서 먼저 배워야 할 교훈은 우리가 성장하는 동안 차별을 조장하고 다양성에 대한 두려움을 키우는 문화적, 사회적 교육과 선동으로 편견을 먼저 학습한다면, 우리는 '우리'를 보호하며 안식을 취하고 '상대편'을 위협요소로 바라보는 성향을 키울 것이라는 점이다. 이 잠재적 경향성은 수면 아래에 잠들어 있다가 세뇌와 선전을 경험하는 순간 다시 수면 위로 올라와 상당한 피해를 준다. 예를 들어, 최근 다양성에 적의를 표출하는 범죄와 의도적으로 사실을 왜곡한 서사가 얼마나 성공적이었는지를 떠올려보자. 이는 종종 대학살과 인종 청소라는 결과를 낳기도 한다.

만약 누군가가 이러한 우리의 공동체를 향한 무의식적인 호감을 악용하고 이 불완전함으로 이득을 취할 수 있다면, 그 반대도 가능하다는 사실은 정말 다행스럽다. 위에서 언급한 실험에 따르면, 문화적 그리고 사회적 학습이 본능적인 반응을 크게 완화한다는 건 분명한 사실이다[35]. 예를 들어, 유명한 운동선수나 가수의 얼굴을 보여준다면 즉시 친숙하다고 판단하고 '우리 편'이라고 인식할 것이기에 편도체는 활성화되지 않을 것이다. 이는 개인적인 경험, 문화 그리고 교육이 꽤 큰 역할을 한다는 것의 방증이다. 다름에 대한 반응의 차이는 같은 공동체 안에서도 각자가 겪어온 역사에 따라 크게 달라진다는 사실을 관찰할 수 있다. 특히 인종 사이에서. 이는 편견과 '진정한' 반응을 해결할 수 있는 수단이 있다는 뜻이다.

더 큰 문제는 오늘날 최악의 인간적 편견을 (성공적으로) 활용하는 사람들이 있다는 점뿐만 아니라, 역사 이래로 더 넓어지고, 도시화되며, 세계적이고, 다양해진 '우리'의 개념이 실질적인 위협을 받고 있다는 사실이다. 불과 한 세기도 되지 않는 짧은 기간에 '우리'라는 개념은 보편 인권을 가진 모든 인류로 확장됐다. 이러한 변화는 중요한 국제적인 인권 문서들, 즉 세계 각국이 서명한 인권에 관한 국제 협약이나 선언 등을 통해 이뤄졌다.

평정심을 잃은 마음 안에서 일어나는 팽팽한 줄다리기로 인해, '우리'라는 존재는 매혹적인 동시에 두려운 대상이 될 수 있다. 그렇기에 그게 진짜든 가짜든 유구한 역사를 지닌 정신 나간 집단에서 한발 물러나 다른 곳으로 피해야 한다[36]. 수많은 기사에서 봤다시피 화성에 갈 계획을 세우는 동안에도 우리의 감정적 우주를 안내하는 변연계는 여전히 영장류의 수준에 머물러 있다. 광고주와 선동가라면 이를 잘 알고 있다.

CHAPTER 6

결함투성이 현자

그 근처에는 튀르키예에서 가장 훌륭한 현자로 통하는 데르비시*가 살고 있었다. 사람들이 이 현자에게 조언을 구하려고 찾아갔다. 팡글로스가 대표로 현자에게 물었다. "스승님, 저희는 인간같이 이상한 동물이 만들어진 이유를 여쭙고자 왔습니다." "너는 왜 그런 일에 마음을 쓰느냐? 그게 네 일이냐?" 현자가 되묻자, 캉디드가 끼어들었다. "하지만 존경하는 스승님, 세상에는 악한 것들이 너무 많습니다." "악이든 선이든 무엇이 그렇게 중요하냐? 폐하께서 이집트로 배를 보낼 때 배에 탄 쥐들이 불편하지 않을까 염려했겠느냐?"

볼테르, 『캉디드 혹은 낙관주의』

* 술피 이슬람 신비주의 전통에서 유래한, 명상적인 회전 무용 '세마'로 유명한 튀르키예의 종교적 수행자들을 이른다.

만약 DNA와 뇌만으로 잘 이해되지 않는다면, 이른바 인체의 완벽함에 관해 살펴보자. 모든 세포의 핵부터 장기의 구조까지, 사람의 몸은 오랫동안 현저히 다른 진화의 역사로 탄생한 흔적과 상처를 담고 있는 타임캡슐이다. 당연한 말이지만, 우리 몸에 있는 모든 부분은 목적을 가지지 않았다. 목적이 있었다면 왜 네안데르탈인이 아니라 우리에게 약한 턱을 발달하게 했는지 우리 자신에게 물어야 한다. 모든 것을 제쳐두고 기능을 발굴하려는 건 우스꽝스러운 행동이다. 팡글로스라면 염소수염을 기르기 위해 턱이 필요하다고 말했을지도 모른다. 사실 턱은 구별되는 특징이라기보다 진화 과정을 거치며 납작해지고 부드러워진 우리 얼굴에서 찾을 수 있는 두 가지(위턱과 아래턱) 발달 과정의 상호관계로 탄생한 우연한 산물이다.

원과 정사각형 안에 다빈치가 새겨 넣은 '비트루비안 맨(*Vitruvian Man*)'의 아름다운 비율에도 불구하고, 우리의 체격은 주로 애니메이션에 등장하는 호머 심슨에게나 어울릴 법한 부조화의 종합선물세트다. 우리는 둥그런 몸뚱이와 꼬리가 잘린 듯한 짤막한 지느러미를 가진 개복치와 지나치리만큼 긴 귀와 긴 다리를 가진 긴귀날쥐를 보면서 이상하고 어설프다고 생각하지만, 이들도 우리를 보며 같은 생각을 하고 있는지 모른다. 이미 3장에서 언급한 호모 사피엔스의 몸에 남아 있는 몇몇 흔적 기관들은 진화의 증거다[37]. 남성의 경우, 그저 배뇨의 통로 역할밖에 하지 못하는 요도가 굳이 전립선의 정중앙을 지나는 이유가 뭘까? 그런 탓에 몇 년에 걸쳐 전립선에 염증이 생기고, 나이가 들면서 그 크기가 비대해지며 불필요한 고통을 겪어야 한다. 글쎄, 이건 별로 중요하지 않은 문제 같다. 우리는 불과 최근까지도 이런 질병으로 고통받지 않아도 될 정도로 나이를 먹지 않고 세상을 등졌다. 이해할 수 없는 이 모든 것이 진화다. 나이가 들어 찾아오는 다른 질병과 고통도 대부분 진화적 선택의 과정이 번식기가 지난 인류에게 별 관심이 없다는 사실을 고려하면 이해할 수 있다. 노년기를 괴롭히는 성가신 불완전함은 이미 자손을 번식한 후에 발현되기에, 유전자는 무사히 다음 세대로 전달될 수 있다.

가장 불완전한 혁신: 걷기

두 번째 법칙으로 돌아가자. 자연의 불완전함은 서로 다른 이해관계와 선택압 사이의 타협점을 찾는 과정에서 탄생했다고 언급한 바 있다. 이는 짜증 나는 부작용의 형태로 대가를 치르는 한이 있어도, 긍정적인 특징이라면 진화하고 장착할 수 있다는 뜻이다. 맹장은 사람속의 식습관이 변하면서(식물성 음식뿐만 아니라 더 다양한 음식을 섭취하게 되면서) 내장의 길이가 짧아져 더는 사용되지 않는 흔적기관이다. 최근 연구에 따르면, 맹장은 면역체계에서 부차적인 이점을 줄 수 있으며, 병원균에 감염됐을 때 유익한 박테리아의 저장소 역할을 할 수 있다고 한다. 그렇다고 수술 기술이 발명되기 전 수많은 사람의 목숨을 앗아갔던 감염이나 높은 폐색률같이 항구적인 약점이 없다는 뜻은 아니다. 해부학적 측면에서 보면, 이보다 훨씬 더 효과적인 최적의 진화가 있었을 것이다. 오늘날에는 필요할 때 응급 수술을 통해 맹장을 떼어낼 수 있다. 하지만 우리의 뱃속에 애벌레 같은 맹장이 남아 있는 건 확실히 그리 좋은 생각은 아니다.

겉으로 배란일을 알 수 없다는 것도 인류에게서만 목격할 수 있는 또 다른 독특한 특징이다. 인간의 남성은 여성이 임신할 준비가 된 순간을 감지하지 못한다. 개코원숭이, 맨드릴개코원숭이, 침팬지 그리고 보노보노와는 확실히 다르다. 우리보다 합리적인 그들의 암컷은 발정기가 되면 생식기의 팽창과 색 변화 그리고 독특한 냄새를 발산함으로써 임신할 준비가 됐음을 분명하게 알린다. 정말 둔감한 수컷도 금세 제 역할을 다해야 할 때를 알아차리게 만들지만, 어쩐 일인지 사람속에서는 이런 일이 일어나지 않는다. 우리 그리고 동남아시아의 회색랑구르 같은 몇몇 종에게 배란은 베일에 싸여 있다. 이는 수컷에게 엄청난 불안을 선사하는데, 보통은 비싼 값을 치르게 만드는 짝짓기가 성공적인지 그렇지 않은지 알지 못하게 만들기 때문이다.

짝짓기에 얼마나 많은 비용이 들어가는지를 고려하면,

이를 조정하거나 차라리 회피하는 편이 훨씬 더 나아 보인다. 사실 이는 자연에서 흔한 일이다. 반대로, 인간의 경우에 여성은 난잡한 남성에 대응할 방법을 모색했다. 여성에겐 남성을 붙잡을 전략이 필요했다. 배우자 남성에게 자신의 생식 능력을 의심하게 하고 끊임없이 불안하게 만들면서, 남성이 곁에서 생리 주기 동안 여러 번 관계를 맺으며 자신을 돌보고 자녀를 양육하는 데 참여하도록 만들었다(물론, 이 각본은 나중에 살펴보겠지만 현생인류가 아니라 우리의 조상들에게만 해당하는 것이다). 남성의 관점에서 보면 이는 이상적인 해결책이 아니다. 하지만 앞서 언급한 성의 불완전함 중 죽음이라는 최악은 피했으니 그걸로 위안 삼아야 한다.

이상한 점을 나열하자면 끝도 없다. 코끼리처럼 귀를 움직이는 능력은 쓸모가 없지만 여러분의 귀에는 움직일 수 있는 근육이 있다. 골반 아래에 연결된 꼬리뼈는 실제로 꼬리의 흔적이며, 이 꼬리뼈는 여전히 근육, 인대, 힘줄로 연결하는 부착점으로서 기능을 한다. 계단에서 미끄러진 적이 있거나 계단 모서리에 세게 부딪힌 적이 있는 사람은 알 것이다. 요통으로 고통받는 사람이라면 우리가 사람이 될 수 있게 해준 이족보행이 얼마나 불완전한지를 잘 알고 있을 것이다. 이제 우리의 자세가 얼마나 이상한지 생각해보자.

우리의 척추는 아무것도 없는 상태에서 진화하지 않았다. 네 발로 걷거나 나무를 타던 동물의 유연한 척추는 가능한 한 곧게 세워졌고, 전체 몸무게가 한쪽으로 치우치게 돼 두 다리에 부하를 가했다. 그 결과, 척추는 구부러지고 척추뼈는 과도한 압력을 받게 됐다. 신경과 근육은 이 변화에 최대한 적응했지만 좌골신경통, 탈장, 평발을 피할 수 없었다. 게다가 이런 수고 끝에 두 발로 서게 된, 이족보행을 하는 동물이 하루 내내 책상이나 차에 앉아 있어야 한다면, 그것은 제 발로 불완전함으로 인한 고통으로 뛰어드는 것을 의미한다.

그러니 이족보행을 해야 할 이유가 있을까? 이 질문은 사실 더 복잡하다. 많은 연구를 통해, 두 발로 선 자세로 장거리 달리기가 가능해졌고, 어디로든 더 유연하게 이동할 수 있게 됐다는 사실이 밝혀졌다. 100미터 이내에서는 사족보행을 하는 동물들이 우리를 사냥하고도 남겠지만, 대륙 횡단을 해야 하는 상황이 온다면 우리가 더 유리하다. 이족보행을 하는 동물로서 우리는 걷고, 달리고, 강을 건널 뿐만 아니라 필요하다면 높은 산도 오를 수 있다.

사실이다. 하지만 사바나 같이 탁 트인 장소에서 우리를 제외한 다른 동물들은 거의 다 사족보행을 하며 지금까지 꽤 잘 적응했다. 우리의 조상들은 네 다리로 움직이는 동물과 달리 두 다리로 서 있는 자세를 취함으로써 먼 곳에 있는 포식자를 더 잘 찾을 수 있게 됐다. 그리고 당연한 말이지만, 직립보행을 하면서 우리의 손과 팔은 걷는 동안 자유로워져 음식을 만들고 자녀를 돌보는 것뿐만 아니라 도구를 만들 때도 사용할 수 있게 됐다. 하지만 여기서 드는 의문이 있다. 손이 자유로워지면서 이족보행을 하게 된 걸까? 아니면 이족보행을 하게 되면서 손이 자유로워진 걸까?

도무지 시기가 맞지 않는다. 첫 석기 기술은 330만 년 전 아프리카에서 등장했는데, 사람속이 그곳에 도착하려면 70만 년은 더 지나야 했다. 우리가 아는 한 오스트랄로피테쿠스와 케냐트로푸스(*Kenyanthropus*)는 여전히 투르카나 호수 주위의 나무 위를 돌아다니고 있었다. 왜 먼저 기술이 나타나고 나서 완전한 이족보행이 나타났을까? 어떤 게 원인이고 어떤 게 결과일까? 우리의 조상들은 이족보행 초기에 앞서 설명한 몇 가지 대가를 감당해야만 했는데, 그런데도 굳이 값비싼 비용을 치르며 두 다리로 걷는 것을 택했다. 그러니까 당시에 모든 대가를 감당하더라도 얻게 될 이득이 있어야 했을 것이다.

인류의 진화를 연구하는 다른 전문가들은 이족보행을 시작한 순간을 체온조절과 연관 짓는다. 숲과 초원 경계 지역에서 서식했던 사람속은 생리학적 한계로 인해 그림자 하나 지지 않는 탁 트인 지역을 돌아다니면서 체온을 유지하는 데 심각한 문제를 겪었을 것이다. 그리고 이는 특히 앞서 언급했듯이, 과열을 잘 견디지 못하는 뇌에도 문제를 일으켰다. 사바나에 서식하던 사족보행 동물들은 우리 같은 호미닌들에게는 없는 적절한 대안을 마련해 발전시켰다. 방법을 마련해야 했던 우리 종이 선택한 해결책은 바로 태양에 직접 노출되는 피부 표면을 줄이고 체온을 조절하는 것이었다. 동시에, 우리의 조상은 천천히 털을 버리고 땀샘을 발달시켰다. 이렇게 한번 체온조절 적응이 시작된 후 나중에는 이러한 변화가 유용한 측면(유연한 이동성, 손과 팔의 해방 등)으로 이어지면서 이족보행이 높은 비용에도 불구하고 좋은 전략이 됐을 것이다.

이족보행의 진화는 여러 번의 불운한 실패와 불완전한 실험을 거치며 약 400만 년에 걸쳐 천천히 진행됐다. 일례로, 나무 위를 두 발로 걸어 다니며 숲에서 서식하던 아르디피테쿠스(*Ardipithecus*)가 있다. 호미닌 역사를 통틀어 3분의 2(600만~200만 년 전) 기간 동안 우리의 조상, 사촌 그리고 친척들은 모든 것이 복합적으로 연결된 해결책을 선택했다. 포식자를 피해 나무 위에서 생활하고(긴 팔과 구부러진 손가락같이 여전히 남아 있는 원시의 특징을 가지고), 음식을 찾기 위해 숲속 작은 공터에서는 두 발로 신중하게 돌아다니는 방식으로 살았다. 루시(Lucy)*도 이런 방식으로 생활하다가 나무에서 떨어져 사망했을 것이다. 이는 당시에 용감한 사냥꾼이 되지 못한 우리의 조상들에게는 꽤 똑똑한 전략이었다. 여전히 고양잇과 동물과 거대한 독수리에게는 달콤한 먹잇감이었으므로. 오늘날 개코원숭이들을 비롯해 여러 영장류도 같은 방식으로 살고 있다. 그러므로 당당하게 '나무에서 내려와' 사바나를 두 다리로 정복했다는 인류의 진화사는 잊어버리는 편이 좋다. 사람속은 매우 초창기부터 이미 완벽한 이족보행자였다.

한편, 오늘날 여성 대부분은 그날을 저주한다. 두 다리로 걷기 시작하면서 구할 수 있는 식단이 다양해지고 뇌

* 1974년, 에티오피아에서 발견된 호모 하빌리스의 가장 유명한 화석 개체 중 하나다. 오스트랄로피테쿠스 아파렌시스 종에 속하는데, 이 종은 현생인류의 조상으로 간주된다. 이 개체의 사망 원인은 여전히 논쟁적이지만, 최근 연구에 따르면 화석에 남은 다수의 골절 흔적을 고려했을 때 추락해 사망한 것으로 추정된다.

의 부피도 커지면서 출산은 여성에게 큰 위협이 됐다. 게다가 이족보행으로 골반이 좁아지면서 아기의 머리가 통과하기 매우 어려워졌다. 만약 모든 것을 처음부터 다시 설계할 수 있었다면 가장 이상적인 공학적 해법은 오늘날의 제왕절개처럼 배를 통해 출산하는 것이다. 하지만 불가능하다. 우리의 산도는 작은 알을 낳는 파충류의 산도와 상대적으로 작은 새끼를 낳는 초기 포유류 산도를 조합한 것이기 때문이다. 그 타협안은 땜질이었다. 임신 기간을 아홉 달로 줄이고, 두뇌 크기도 어른의 3분의 1밖에 안 되는 무력한 아기를 낳고, 나머지 3분의 2는 성장하며 완성되기를 기다리는 것이었다. 그러나 이는 여전히 완벽하지 않은 해법이다. 출산 중에 얼마나 많은 산모와 아기가 사망하고 있는지, 또 출산이 산모에게 얼마나 고통스러운지 생각해본다면 너무나 불완전한 타협이다.

이족보행으로 인해 생긴 변화는 신체의 거의 모든 부분에 부정적인 결과를 낳았다. 발바닥 전체를 활용해 걷는 방식은 엄청난 하중을 가한다. 무겁고 흔들리는 머리를 균형 있게 떠받치는 목은 우리의 약점이다. 모든 내장 기관이 담긴 복부는 외상에 치명적이다. 복막은 중력의 힘으로 아래로 내려앉아 탈장과 탈출증을 빈번하게 일으키기도 한다. 심지어 얼굴에도 영향을 끼친다. 언젠가 감기에 걸리게 될 때 얼굴에 있는 모든 구멍에서 점액이 흘러나오는 느낌을 받는다면, 중력을 거슬러 콧구멍 위로 배수되는 상악 부비강에 점액이 가득 차 있다는 사실을 떠올려보라! 이 통로는 정말 비효율적이며 점액뿐만 아니라 이와 비슷한 미끈거리는 물질로 쉽게 막힌다. 이는 우리에게 아주 비효율적인 설계지만, 사족보행을 하는 동물의 얼굴 앞쪽에서는 제 역할을 하며 항상 열려 있다. 과거에 사족보행을 하던 우리의 얼굴은 비교적 근래 들어서 수직적인 구조가 생겨났고, 지금의 모습이 바로 그 결과물이다.

고고학자 앙드레 르루아구랑(André Leroi-Gourhan, 1911~1986)은 이렇게 말했다. "인류의 역사는 위대한 두뇌가 아니라 훌륭한 발에서 시작했다[38]." 맞다. 걷기 좋은 발이 커다란 뇌보다 먼저 탄생했다. 하지만 어찌 됐든 처음에는 고통의 연속이었다. 그러나 점차 그 맛에 빠져들었다. 그리고 이런 다리로 호기심으로 가득 차서 떠도는 영장류가 됐고, 더는 우리를 가둘 담장도 사라졌다.

취약성을 강점으로 전환하는 법

우리는 유난히 늦게 늙기 바라는 이상한 야망을 지닌 영장류가 됐다. 그 야망은 경이롭지만, 그 역시 불완전함을 가져왔다. 영장류는 포유류 중에서도 발달 속도가 가장 느리고 굼뜬 종이다. 포식자로부터 자신을 보호하기 위해 네 다리로 벌떡 일어서서 어미 뒤꽁무니를 졸졸 따라다니는 초식동물과 다르게, 우리 같은 영장류는 새끼를 공동체 안에서 더 오랫동안 기르며 보호한다. 덕분에 영장류의 새끼는 사회성, 놀이 그리고 미래의 위기에 대비할 수 있는 시간을 더 오랫동안 확보할 수 있다. 이족보행에 대한 대가로 큰 뇌가 필요했던 것과 마찬가지로, 이 역시 비용이 많이 드는 위험한 적응이다. 따라서 비용과 이익 사이의 균형을 맞추는 타협이 필요하다. 발달의 속도와 방식을 바꾸는 일은 생명체의 일반적인 전략이지만 균형을 잘 잡아야 한다(타조도 어릴 때 날개와 솜털이 있지만, 성체가 되면서 그 용도를 바꾼다).

이렇게 발달의 속도가 늦어짐으로써 얻는 결과는 다양하다. 새끼들은 완전히 무방비 상태로 태어나며 보호해주는 손길에 완벽히 의존한다. 뇌는 굉장히 늦게, 주로 태어난 후 성숙해진다. 유아기와 청소년기가 비정상적으로 길며 성적 성숙은 늦게 이뤄진다. 그리고 전반적으로 수명도 길어진다. 그러니까 몇 년밖에 안 되는 설치류처럼 정신 차릴 새 없는 인생이 아니라, 더 느린 속도로 흘러가는 인생을 즐길 수 있다. 이런 변화로 생길 수 있는 또 다른 영향은 이른바 유형성숙(Neoteny), 즉 성체가 되고 나서도 어린 시절의 특징을 유지하는 것이다. 우리는 다 자란 침팬지보다 납작한 얼굴과 동그란 머리를 가진 어린 침팬지와 훨씬 닮아 있는데, 이는 우리가 어린 시절의 특징을 평생 지니고 있기 때문이다. 우리는 평생 자라지 않는 침팬지와 비슷하다.

그렇다. 모든 영장류 중 우리는 가장 최근에 분화된 유아적인 종이다. 이는 우리 종의 주된 특징이 됐다. 우리는 영장류 중 유아기가 가장 긴 생명체다. 인간의 아이는 무력한 상태로 태어나지만 배우는 능력은 실로 놀랍다. 역설적으로, 우리 종의 유형성숙은 비장의 무기가 됐다. 우리는 우리의 취약성, 불완전함, 약점을 강점으로 바꿨다. 하지만 그런데도 여전히 남아 있는 취약성 때문에 오랫동안 아이들에게 세심한 관심을 쏟아야 한다. 특히 부모와 사회적 약자에 대한 돌봄에 훨씬 더 많은 투자를 해야 한다.

포식자가 아이들을 노릴 때, 다른 비용을 아껴 여기에 에너지를 집중해야 했다. 나중에는 두려워해야 할 적이 포식자가 아니라 다른 인류 경쟁 집단으로 바뀌었다. 인류에게 털이 사라지면서 양육 조건에도 큰 변화가 찾아왔다. 어미는 항상 새끼를 품에 안거나 시야에 두고 인식 가능한 소리로 안전을 확인해야 했다. 이처럼 부담이 큰 변화를 수용하기 위해서는 사회 공동체가 새끼들의 안전을 충분한 수준으로 보장할 수 있어야 했다. 즉, 사람속은 사회성의 증가와 불의 발견과 같이 가공할 만한 수준의 기술을 획득하면서 생존이라는 단순한 선택압이 상대적으로 약해졌다. 가능한 한 많은 자손을 만들고 이들이 자신보다 오래 살 수 있도록 만드는 것이 생물종의 최우선 목표라는 측면에서 보면, 만약 삶이 극심하게 고됐다면 인류처럼 더디게 성장하는 자녀를 양육할 수 없었을 것이다.

사람속을 더 자세히 들여다본다면, (이미 알고 있겠지만) 그중 가장 유아기적인 특징을 고집하는 종이 호모 사피엔스라는 사실을 알 수 있다. 치아 상아질의 성장을 주제로 한 비교고생물학 연구는 우리 종이 네안데르탈인보다 늦게 성숙했다는 사실을 밝혀냈다*. 그러니까 지구상에서 유아기가 가장 긴 동물을 꼽자면 우리가 1등을 차지할 것이다(물론, 일생에 걸쳐 어린 시절의 특징을 지니고 있으며, 장기와 팔다리를 재생하는 비범한 능력을 지닌 멕시코도롱뇽이 있기는 하다). 발달을 조절하는 일부 유전자에서 돌연변이가 일어나며, 생물학적 주기가 늘어난 덕에 우리는 학습, 모방, 놀이를 통해 생각과 기술을 물려주는 능력을 가지며, 세상을 향한 호기심 많은 탐험을 하는 데 더 많은 시간을 쏟을 수 있었다.

뇌와 신체 비율이 어린아이 때보다 성인 때 줄어든다는 사실을 고려해도, 인간은 다른 영장류와 비교해 유형성숙의 영향으로 성인이 되었을 때 상대적으로 큰 뇌를 유지하는 경향이 있다. 만화가들은 독자에게 친근함을 주고 싶을 때 캐릭터의 크기를 키우고, 머리는 동그랗게, 두 눈은 크게, 그리고 몸은 작게 그려야 한다는 사실을 잘 알고 있다. 위대한 생태학자 콘라트 로렌츠(Konrad Lorenz, 1903~1989)는 어린아이의 형태를 모방한 캐릭터가 보호본능을 일으킨다는 사실을 이미 언급했으며, 그렇기에 양육에 대한 투자와 문화적 학습 사이의 타협점을 찾기 위

* 상아질은 치아의 주요 구성 요소 중 하나로, 치아 내부를 형성하고 성장과 발달 과정에서 중요한 역할을 한다. 상아질 성장 패턴을 통해 과학자들은 개체의 성장 속도, 성숙에 이르는 시기 그리고 생애 초기 단계에서의 건강 상태 등을 추정할 수 있다.

해서는 뿌리 깊은 본능이 필요하다고 언급했다. 호모 사피엔스의 약점을 완화하는 일은 이른바 '자기 가축화', 즉 더 온순하고 사교적인 개체를 선호하는 자연선택의 과정으로 더 촉진된 듯 보인다.

결과적으로, 이제껏 봤듯이 우리의 뇌는 경험으로 뇌를 재구성해 사실상 정보를 빨아들이는 스펀지가 될 정도로 굉장히 유연해졌다. 하지만 여기서도 불완전함을 찾을 수 있다. 예를 들어, 안타까운 부작용 중 하나는 어린 시절에 겪은 트라우마와 박탈감이 마음에 지워지지 않는 상처를 남길 수 있다는 점이다. 그럼에도 유형성숙의 이점이 우세하게 선택됐다. 그렇지 않았다면, 오늘날 두 살배기 아이가 초등학교에 입학하고, 6개월 된 아이가 말을 하는 모습을 목격했을지도 모른다. 사실 유형성숙으로 나타난 영향 중 쓸모 있는 결과 중 하나는 하나 혹은 여러 모국어를 성인이 돼서도 습득할 수 있고, 또 언어를 확장해서 다양하고 세련되게 구사할 수 있다는 점이다. 즉, 호모 사피엔스의 명료한 언어적 재능은 천부적으로 갖고 있는 역사적 그리고 문화적인 면 중 하나다. 몇몇 고인류학자에 따르면, 언어의 진화는 의미와 소리 사이의 임의적 연결의 자유로운 놀이로서, 어린아이들이 내는 다양한 소리와 그

것을 의미와 연결하는 실험적 과정에서 시작했을 수 있다고 추정한다. 어린아이들은 성인과 달리 생존이 위협을 받지 않는 동안 자유롭게 언어를 탐색할 수 있었기 때문이다. 하지만 이 아름다운 인간의 언어가 완벽하다는 착각에는 빠지지 말자.

죄송하지만, 다시 말씀해주시겠어요?

말을 하기 위해서는 우스꽝스러울 정도로 복잡하게 구축된 장치를 조립해야 한다. 이 장치는 숨을 들이마시고 내쉬면서, 동시에 성대로 변조된 소리의 흐름을 발생시키고, 목구멍, 입천장, 혀, 이, 입술 등 다양한 부분을 활용해 그 음향을 조절해야 한다. 그런데 누군가에게는 놀라워 보이는 이 복잡한 장치는 불과 90개 내외에 불과한 소리만 낼 수 있다. 전 세계 모든 언어는 한정된 수의 음소로 이뤄져 있으며, 그마저도 대부분 극소수만 사용된다. 완벽하지 않은 부분은 이게 다가 아니다. 앞서 말했던 것처럼 이 모든 기능을 감당해야 하는 건 뇌의 몫이다. 게다가 우리의 언어 능력은 낮아진 후두(성대를 포함한 목의 일부분)의 위치 덕분인데, 이는 다른 동물에게서도 관찰할 수 있는 특징이지만 우리 인류의 신체에서는 완전히 다른 기능을 한다.

가슴뼈 바로 위까지 낮아진 수사슴의 후두는 짝짓기를 두고 다른 수컷들과 경쟁할 때 상대를 교란하는 데 쓰인다. 매우 긴 후두에서 나는 수사슴의 깊은 소리는 자신의 몸집을 실제보다 더 크고 강해 보이게 만들어 다른 수컷과 암컷을 속인다. 이는 언어와는 전혀 상관이 없다. 이보다 훨씬 후, 처음으로 아프리카에 등장한 호모 사피엔스는 비교적 긴 목과 마른 체형을 지니고 있었다(반면, 유럽에 살았던 네안데르탈인은 추위에 적응하기 위해 두꺼운 체격과 더 짧고 넓은 목을 지니고 있었는데, 이러한 체형의 차이는 두 종이 살았던 환경과 기후 조건에 따른 진화의 결과라고 볼 수 있다). 특히 이족보행과 함께 후두가 길어진 목 아래로 내려가며 기도와 성대가 분화된 형태로 발달했다.

목 아래로 자리를 옮긴 후두는 속임수로 활용하는 사슴과 다른 방식으로 유용했다. 후두의 놀라운 생김새 덕에 우리는 언어를 만들 수 있었다. 하지만 다윈이 지적했듯이, 이 후두는 치명적인 질식을 일으킬 수도 있다. 우리가 삼키는 자그마한 음식물들이 기도 입구 바로 옆을 지나간다. 그 때문에 그 일부가 조금이라도 열린 기도로 들어가면 그야말로 끔찍한 일이 일어난다. 그저 악몽 정도가 아니다. 오늘날 철저한 응급구조 훈련에도 매년 수천 명씩 목숨을 앗아가는 것이 이 불완전한 현실을 잘 말해준다.

따라서 언어는 질식의 위험이라는 항구적인 대가를 치르면서까지 얻은 굉장히 값비싼 적응이다. 그럴 만한 가치는 있었지만, 만약 처음부터 다시 설계됐다면 위험을 피하면서도 해부학적으로 더 효과적인 대안을 마련했을 것이다. 다시 말해, 이는 불완전한 땜질이다. 하지만 '호흡'과 '말'이라는 두 가지 다른 기능을 함께 수행할 수 있는 묘안이기도 했다. 진화의 과정에서 소화기관은 호흡기관이 됐고, 이 호흡기관은 다시 음성을 생성하는 도구가 됐다. 이보다 더 많은 것을 기대할 수는 없었을 것이다.

지금까지는 해부학적 측면만 언급했지만, 사실 언어적 측면에서도 그리 효과적이지는 않다. 유전학자 루이기 루카 카발리-스포르차(Luigi Luca Cavalli-Sforza, 1922~2018)가 지적했듯이, 사람의 언어만큼 모호하고, 어수선하고, 쓸모없으며, 불분명한 것도 없다[39]. 더구나 우연하고 다양한 역사적 배경을 가진 각기 다른 언어들은 말할 것도 없다. 사람의 언어는 강력하고 암시적이기에 믿기 힘들 정도로 훌륭한 문학 작품을 만들어낼 수도 있지만, 이해할 수 없는 예외뿐 아니라 셀 수 없을 정도로 많은 성가신 오해, 단어와 의미 사이의 임의적인 연결, 모호한 일반화, 추상적인 어휘 그리고 의미상의 부조화를 불러일으키기도 한다. 이 부조화는 놀라울 정도로 멋진 연극 외에도 이혼, 절교 그리고 전쟁을 일으켰다. 언어가 수많은 오류와 빈틈으로 가득하다는 사실은, 언어가 '의사소통을 위해 진화했을 것'이라는 전제에 대한 의심으로 이어지기도 한다. 어쩌면 언어의 초기 역할은, 생각을 정리하고 끊임없는 내면의 대화로 그것을 형상화하는 기능을 했을지 모른다.

결국 우리는 같은 언어를 사용할 때도 종종 상대방의 말을 맥락으로 파악한다. 이는 '대강' 이해한다는 말을 그저 우아하게 포장한 것일 뿐이다. 얼기설기 얽혀 있는 나무처럼, 재귀적인 문장 구조는 분명히 놀랍고 어떤 동물도 우리와 같은 일을 할 수 없다. 그런데도 한 문장에서 세 번째 수식어를 마주하게 될 때면 기억력이 바닥나 앞 내용을 잊어버리기 일쑤다. 하지만 언어에 뉘앙스가 사라지고 우리의 표현이 항상 명백하고 틀림없다면, 그 또한 정말 지루해질 것이다. 말장난, 중의적인 표현, 재담, 유머, 역설, 희화화의 즐거움 모두를 놓치게 될 것이다. 그러니 불완전한 언어의 긍정적인 면을 즐기는 편이 나을 수 있다. 그리고 이메일과 우스꽝스러운 이모티콘은 보기보다 훨씬 오해하기 쉽다는 사실을 인정해야 한다. 하지만 무엇보다도 자동차 음성 명령이 우리의 명령을 제대로 수행하지 못하고, 다시 한번 말해달라고 (공손하게) 질문한다고 해서 화를 내지 말아야 한다. 비이성적인 혼합물인 인류의 언어를 이해하려는 불쌍한 컴퓨터의 처지를 고려한다면 그렇다.

진화의 불일치

간단히 정리해보자. DNA나 뇌와 별개로 세 가지 불완전함, 즉 이족보행, 유형성숙, 언어 덕분에 인류는 우리만의 방식으로 지금의 모습이 됐다. 이 위대한 타협 덕에 지난 200만 년 동안 인류는 굉장히 많이 변했다. 하지만 만약 우리를 둘러싼 환경이 훨씬 더 빠르게 변했다면 어땠을까?

진화의 과정에서 한때 생존과 번식에 긍정적인 영향을 미쳤던 적응의 요인이 훗날에는 급격하고 심각한 환경 변화 속에서 부적응의 요인이 될 수 있다. 그렇다면 여러분은 재정비할 시간이 없어 시대에 뒤처진 자신을 발견하게 될 것이다. 실제로 오늘날 우리가 사는 세계와 20만 년 동안 지속된 수렵과 채집에 의존했던 소규모 인류 집단이 거주했던 서식지 사이에는 본질적인 차이가 있다. 때때로 인간의 기술적, 문화적 활동이 우리의 주변 환경을 근본적으로 변화시켰는데, 이를테면 불 사용, 음식 조리, 성인기에도 유지되는 유당 분해 능력, 발효 알코올음료 소비 등이 그 예다. 이 변화들은 인간이 만든 환경과 기술의 발달로 인해 생겨났지만, 우리의 유전적 적응은 이러한 변화에 완전히 적응하지 못했다. 이른바 진화적 불일치가 생겨난 것이다.

진화적 불일치는 심각한 문제를 일으킬 수 있다. 예를 들어, 음식이 부족하고 불확실한 환경에서 오랜 시간 동안 적응했던 우리 소화계는, 불확실한 다음 식사 때까지 최대한 많은 열량(당과 지방)을 저장하도록 진화했을 것이다. 다음 식사까지 며칠이 걸릴 수도 있기에 섭취할 수 있을 때 최대한 섭취해야 한다. 하지만 이러한 적응은, 눈길만 끌 뿐 해롭고 쓸모없이 덩치 큰 플라스틱 포장지로 싸인 지방과 당이 가득한 패스트푸드와 정크푸드의 세계에 갑자기 놓인 인류에게는 역효과를 낳을 수 있다. 몇천 년 만에 식량은 많은 인류에게 '부족하고 불확실한' 것에서 '풍부하고 늘 존재하는' 것으로 변했다. 따라서 비만은 오늘날 일부 인류의 식단이 최근 너무 빠르게 열량이 풍부해진 데 반해, 고대로부터 천천히 진화한 미생물군과 대사 과정이 이에 잘 적응하지 못한 것에서 비롯했다고 이해할 수 있다.

우리의 몸이 오늘날의 환경에 잘 적응하지 못했다는 이 가설은 당뇨, 심장 질환, 알레르기, 근시, 자가면역질환 같은 심각한 질병의 탄생을 이해하는 데 (그리고 어쩌면 치료에도) 도움을 준다. 과거에는 두려움과 불안이라는 기본 감정이, 인간이 위험을 인식하고 대응하는 데 도움을 줬기에 적응적 가치(Adaptive Value)가 컸다. 안타깝게도 이 가치는 오늘날에는 그 의미를 잃었다. 남은 것은 고통의 비용뿐이며 어떤 이득도 없다. 하지만 이 과정은 특히 인간이 추구하는 쾌락의 방식이 근본적으로 어떻게 불완전한지를 잘 보여주기도 한다.

생물학자들에 따르면, 쾌락은 생존과 번식을 촉진하는 동기부여와 유인책으로서 진화했다. 특히 성관계와 그에 따라 자녀를 양육하는 상황에서 막대한 투자가 필요할 때 더욱 그렇다. (다양성의 원천으로서) 성관계가 더 직접적이고 덜 격렬한 번식 과정, 즉 복제로 대체되지 않고 계속되려면 행위에 참여하는 대상들은 반드시 보상을 받아야 한다. 쾌락을 통해서다. 하지만 이 놀이의 규칙은 초기의 제약을 무색하게 뛰어넘는다. 오늘날 우리는 생물학적으로 만족스러운 쾌락에 몰두하고 있으며, 이는 원래의 번식 기능과는 아무런 관련이 없다. 인간의 쾌락이 생물학적 욕구를 넘어서 문화적 측면에 의해 광범위하게 영향을 받는다는 사실을 잘 보여준다.

이러한 쾌락의 확장을 반갑게 맞이해야 한다. 그러나 때때로 사회성과 호기심 같은 기본적인 쾌락이 부작용을 일으키기도 한다. 분명한 건, 우리가 텔레비전 앞에서 몇 시간 동안 앉아 있거나, 도박을 하거나, 몇 날 며칠 동안 컴퓨터 앞에만 붙어 앉아 소셜 미디어의 따분한 수다나 비디오 게임 속 가상현실에 펼쳐진 경쟁의 무아지경에 빠지기 위해 진화하지 않았다는 점이다. 식물은 동물의 쾌락 체계에 영향을 끼치는 다양한 향정신성 물질을 만들어냈다. 그리고 우리도 우리 자신을 흥분시키는 약물을 만들어 스스로 중독된다. 생존과 번식이라는 그 기능을 잃고, 그저 쾌락 자체만 남았기에 우리는 매우 취약할 수밖에 없다. 눈에 보일 때마다 당을 섭취하고자 했던 과거의 우리 마음은 당을 향한 통제할 수 없는 욕망으로 변했다. 오늘날 우리를 둘러싼 환경이 숨겨진 감정을 자극하는 반짝반짝 빛나고 선정적인 메시지로 가득하다는 사실을 기억하면, 그 결과가 해롭다는 것도 그리 놀랍지 않다.

역사적 기원과 오늘날의 쓰임새(혹은 쓰이지 않는 기능) 사이, 그리고 원시적 기능과 그 이후 환경적 변화 사이에서 생겨난 불일치는 '불완전함의 여섯 번째 법칙'으로 정의할 수 있는 부적응의 조건을 만들어낸다. **환경이 우리보다 빠르게 변할 때 우리의 진화적 위상이 달라지는 것을 경험할 수 있다. 그리고 그 결과, 틀에서 약간 벗어나거나 불완전해진다.** 다시 한번 불완전함에 대해 생각해보자면, 진화는 사용할 수 있는 재료(주어진 제약, 변수, 지난 역사)와 우리를 둘러싸고 계속해서 변하는 환경 사이의 끊임없는 고군분투라고 볼 수 있다.

1970년대 후반, 시카고대학교의 진화론자 리 반 베일른(Leigh Van Valen, 1935~2010)은 이를 이른바 '붉은 여왕의 가설(Red Queen's Hypothesis)'이라 정의했다. 이 이름은 루이스 캐롤(Lewis Carol, 1832~1898)의 『거울 나라의 앨리스』에서 따왔다. 붉은 여왕은 같은 장소에 머무르기 위해 앨리스에게 쉴 새 없이 뛰어야 한다고 말한다. 개념은 간단하다. 자연선택이 적응에 대한 긍정적인 경험만 만들어 주는 건 아니다. 환경은 무작위적으로 예측할 수 없게 변하고, 가끔은 너무도 빠르게 변해 이를 따라잡기 위해 유기체는 끝없는 경쟁에 내몰리기 때문이다. 붉은 여왕처럼, 자연선택은 생명체들에게 끊임없이 변화된 환경에 발맞출 것을 요구하며 변화를 독려한다. 그리고 가끔 어떤 종은 뒤처지기도 한다.

한 종이 서식하는 환경이라면 다른 종도 서식할 수 있기에 진화는 상대와 함께 추는 춤처럼 동시에 일어난다. 피식자와 포식자 사이, 숙주와 기생충(예를 들어, 바이러스) 사이, 식물과 꽃가루 매개자 사이의 난폭한 군비 확장 같은 경쟁에서 더욱 그렇다. 이러한 역동적인 균형의 과정을 특정한 시점에 들여다본다면, 어떤 유기체는 다른 유기체보다 불리한 처지에 놓여 있을 가능성이 있다. 또 상황 반전을 일으킬 마땅한 대응책(예를 들어, 새로운 병원체를 향한 면역반응, 자연적으로 혹은 다른 수단으로 얻은 백신)을 마련하지 못해 도태될 위기에 놓일 수 있다. 결과적으로 리 반 베일른이 지적했듯이, 이러한 상황에 놓인 유기체들은 종종 완전히 적응하지 못하며, 환경적 지위에서 약간 뒤처짐에 따라 부분적으로만 최적화된 상태에 도달하게 된다.

즉, 특정한 조건에서 이들이 맞닥뜨린 환경은 늘 조금씩 불완전하다.

우리는 진화적 측면에서 두 번 '뒤처져' 있다. 하나는 발달의 지체고, 다른 하나는 우리가 만들어낸 환경 변화에 대한 적응의 지체다. 만약 우리가 바이러스의 확산을 촉진하는 인류 중심의 생태계를 만든다면, 전염병이 점점 더 빈번해지는 세상에 적응하기 위해 큰 노력과 값비싼 대가를 치러야 할 것이다. 같은 이유로 생소한 기술을 손쉽게 다루는 자녀를 볼 때 기성세대는 상실감을 느낀다. 아이들은 나머지 네 손가락과 마주 보는 엄지를 지난 600만 년 동안 진화가 생각지도 못했던 방법으로 스마트폰을 사용한다. 하지만 이 과정은 과거에도 그랬듯이 계속될 것이다. 우리를 위협하는 모든 질병은 오늘날 삶과 연결돼 있다. 과거 사람들이 에덴동산에서 평화롭게 살았으리라 추정하는 건 잘못됐다.

현재의 (여섯 번째) 불완전함이 과거에 없었다고 말할 수 없다. 로이 루이스(Roy Lewis, 1913~1996)의 『인간의 진화(*The Evolution of Man*)』(1960)에 등장하는 향수를 불러일으키는 바냐 아저씨처럼 구석기시대에도 불, 화살, 창, 결혼, 탐구 등 혁신적인 충동으로 자연에 맞서려 했던 사람들을 반대했던 나이 든 보수주의자들이 있었을 것이다. 이들은 주변의 세상이 이미 변했음에도 아마 이렇게 말했을 것이다. "옛날, 나무에서 지내던 시절이 훨씬 나았어!"

CHAPTER 7

호모 사피엔스가 파는 중고차를 산다고?

양쪽 군대보다 더 인상적이고, 멋지며, 황홀하고, 정갈한 건 없을 것 같았다. 트럼펫, 파이프, 오보에, 드럼 그리고 대포는 지옥에서도 들어보지 못했을 조화를 만들어냈다. 먼저 대포가 도합 약 6천 명의 사람들을 쓰러뜨렸다. 이어서 소총은 지상을 오염시키던 9천~1만 명의 범죄자들을 이 멋진 세계에서 쓸어버렸다. 총검은 수천만 명의 사람들을 쓸어버릴 정도의 위력을 지녔다. 희생된 영혼은 다 합쳐서 3만 명 정도 되는 듯했다. 이 대범한 학살이 벌어지는 동안 철학자처럼 덜덜 떨던 캉디드는 최선을 다해 몸을 숨겼다.

볼테르,『캉디드 혹은 낙관주의』

유전학자 테오도시우스 도브잔스키(Theodosius Dobzhansky, 1900~1975)는 자연선택의 힘으로 생명체가 발전하고 정제된다고 믿었고, 인류의 불완전함은 우리 종의 어린 나이 때문이라 생각했다. 도브잔스키는 우리 인류가 진화의 과정에서 가장 최근에 탄생한 산물이라 여겼으며, 그렇기에 생물학적으로 꼭 필요한 개선점을 만들기 위한 시간이 거의 없었을 거라고 생각했다. 따라서 우리의 한계와 결점은 기진맥진하고 노쇠한 인류의 쇠락 때문이 아니라고 이해했다. 고대 로마의 시인 루크레티우스도 이 세상이 아직 시작점에 있기에 여전히 새롭게 만들어지고 개선될 수 있다고 생각했다.

이는 아주 흥미로운 이론이지만, 우리가 세상에 등장한 뒤 주어진 아주 짧은 시간 안에 이미 많은 일을 저질렀다는 점은 짚고 넘어가야겠다. 우리는 어리고 뻔뻔하며 부끄러움을 모른다. 폭발적인 문화적 진화는 어느덧 우리의 생물학적 진화에까지 영향을 끼치고 있다. 따라서 (이미 계획됐고, 목적이 있었기에 잠재적으로 완벽할 수 있는) 기술적 발명품과 인공물이 이제껏 언급했던 진화적 잡동사니로 인해 생겨난 생물학적 한계를 극복할 방법이라고 가정할 수 있다. 의족, 보충제 그리고 기능을 개선해주는 강화 장치들은 세계를 우리에게 맞추는 의도로 만들어졌지만, 이는 항상 반대의 결과를 가져왔다.

우리가 생각, 기술 그리고 사회조직 체계로 세상에 적응할 수 있었으며, 과거에 극복할 수 없었던 생태적 그리고 물리적 장애를 극복할 수 있게 됐다는 사실에는 의심의 여지가 없다. 그 어떤 영장류도 이렇게 지리적으로 광범위하게 서식한 적은 없었다. 4만 5천 년 전, 아프리카를 떠난 지 채 몇 년이 되지 않았을 무렵에 현생인류 사냥꾼들은 극지방, 카라해 해변, 그리고 심지어 가장 따뜻한 온도가 영하 25도인 극한 지역에 서식하는 매머드의 서식지까지 침범해 도살했다. 그로부터 5천 년이 지나고 신체적 조건이 같은 또 다른 인류가 뜨겁고 습도가 높은 환경에서 완전히 다른 모습을 드러냈다. 그들은 술라웨시의 열대 섬에서 매력적이고 아름다운 동굴 벽화를 그리고 새겼다. 북극에서부터 인도네시아에 이르기까지 사냥하고 그림을 그리는 인류를 멈춰 세울 장애물은 더는 없는 것처럼 보였다. 창의성과 공격성은 처음부터 우리의 양면성을 상징했다. 그 실험은 여전히 진행 중이며, 인류는 생명체의 정수라기보다 여전히 만들어지는 중이다. 우리는 '완성된 존재'가 아니라 '만들어지는 존재'다.

그럼에도 불구하고, 우리가 고안해낸 기술과 발명품은 우리의 불완전함을 보완할 뿐 아니라 우리의 만연한 불완전함을 투영하기도 한다. 효율성은 진화의 유일한 기준이 아니며, 또 기술의 진화도 마찬가지다.

아름답지만 불완전한 타자기

완벽함을 찾기 위해서 호모 사피엔스의 제작, 디자인 그리고 놀라운 기술 능력을 되돌아보는 것 말고 선택지가 없다고 생각할지 모르겠다. 하지만 그렇지 않다. 예를 들어보자. 머릿속에 타자기 하면, 즉각적으로 아름다우면서도 쓰임새가 많은 올리베티 레테라 22(Olivetti Lettera 22)의 모습이 떠오른다. 혹은 어니스트 헤밍웨이(Ernest Hemingway, 1899~1961)의 커피 탁자 위나 뉴욕에 있는 현대미술관에 디자인 작품으로 전시된 타자기를 떠올리기도 한다(사실, 이 타자기는 1950년 디자이너 마르첼로 니촐리가 디자인했다).

1911년, 토리노 만국박람회에서 선보였던 올리베티 M1 타자기 광고 포스터에는 시인 단테 알리기에리가 엄숙하고도 만족스러운 표정으로 타자기를 두드리는 모습이 실렸다. 이탈리아 기술자 카밀로 올리베티는 미국으로 두 차례 여행을 간 후에 시제품을 제작했다. 첫 번째는 1892년이었고, 두 번째는 1904년이었다. 올리베티의 첫 아이디어는 기술적 혁신과 디자인에 대한 미학적인 감각을 결합하려는 것이었지만 여기에는 결함이 있었다.

타자기의 기원이 어디인지는 불분명하다. 하지만 그 덕분에 작가들은 표준화된 글자와 문서를 잉크 리본으로 종이에 글자를 찍는 방식으로 쉽고 빠르게 작성할 수 있었다. 게다가 카본지를 사용해 복사본을 여러 장 만들 수도 있었다. 첫 번째 타자기는 인류를 위협할 존재라 여겨졌

이탈리아 최초의 타자기 제조사 올리베티의 M1 홍보 포스터. 시인 단테를 주인공으로 한 이 타자기도 쿼티 방식의 글자와 숫자가 배열된 자판을 사용했다.

다(이는 거의 모든 발명품에서 일어나는 일이다). 글을 쓰는 예술적인 활동이 기계적이고 획일화된 기술로 전락했기 때문이다. 손 글씨는 이렇게 종말을 맞았다! '글을 쓰는 기계'는 1846년, 노바라에 살던 또 다른 이탈리아인 주세페 라비짜(Giuseppe Ravizza, 1811~1885)가 발명했다. 이 기계는 완전히 자선적인 목적으로 만들어졌는데, 시각장애인이 글을 쓸 수 있기를 바라는 마음으로 만들어졌기 때문이다. 처음 라비차가 발명한 '쳄발로 스크리바노(Cembalo Scrivano)'*는 1855년에 특허를 받았다. 그리고 쳄발로 스

* 이 이름은 이탈리아어로 '쓰는 클라비코드'를 의미하며, 이는 타자기의 자판 배열이 클라비코드(하프시코드의 일종)의 건반을 닮았다는 점에서 착안됐다.

크리바노라는 이름은 하프시코드 건반으로 연주가 아닌 글을 쓰는 기계를 만들려는 생각을 반영했다. 즉, 글을 쓰는 피아노였다. 타자기를 발명했을 것으로 추정되는 또 다른 인물들은 주로 이탈리아인과 독일인이었다. 이들도 시각장애인들을 위해 타자기를 발명했다고 주장했다. 하지만 이들 중 일부는 타자기를 본격적으로 생산하고 싶어 하는 회사와 접촉했다. 타자기는 전시회와 무역 박람회에서 메달 몇 개를 받긴 했지만, 그 이상은 없었다.

산업적 규모에서 타자기를 생산하기 위해서는 사업 감각이 훨씬 공격적인 미국에 진출해야 했다. 오늘날 전 세계적으로 가장 널리 사용되는, 일명 쿼티(QWERTY) 방식으로 글자와 숫자가 배열된 자판의 원형은 1860년대 미국에서 크리스토퍼 숄즈(Christopher Sholes, 1819~1890)라는 발명가가 특허를 냈다. 이 타자기는 당시까지 소총을 비롯해 여러 무기만 (그것도 대규모로) 생산하던 회사 레밍턴&손즈(Remington and Sons)가 제작을 담당했다. 1880년경, 전 세계를 돌아다니던 숄즈 타자기 숫자는 5천 대가 넘었다.

사람들은 타자기의 몇 가지 유서 깊은 특징, 즉 자판의 배열에 특별한 의문을 품지 않는다. 왜 자판은 지금의 방식대로 배치된 걸까? 소문자가 세 줄에 거쳐 배치돼 있고, 대문자로 전환할 수 있는 하나의 자판이 함께 배치돼 있다. 맨 윗줄의 왼쪽부터 여섯 글자가 'QWERTY'다. 이는 영어 단어의 70퍼센트 이상이 'DIATHENSOR' 순서로 만들어진다는 사실을 고려하면 이상한 일이다. 가장 합리적이고 효율적인 배열은 많이 사용되는 문자들을 가장 닿기 쉬운 곳에 두는 것이다. 다시 말해, 주로 두 번째 줄 중앙에 배치했다면 더 나았을 것이다. 1893년, 그렇게 이 자판은 실용화돼 시장에 등장했지만 그리 큰 성공을 거두진 못했다.

그렇다면 쿼티 자판은 어떤 면에서 특별하고 유용한 걸까? 사실 매우 간단하다. 자주 사용되는 문자를 서로 멀리 배치하는 기술적인 선택의 결과다. 예를 들어, 'A'와 'O'는 양 끝에 매우 멀리 떨어져 있기에 힘이 약한 손가락, 즉 약지와 새끼손가락으로 쳐야 한다. 가운뎃줄에는 자주 사용되는 문자 몇 개만 있다. 꽤 비이성적이고 불완전하게 느껴진다. 왜 그럴까? 그건 우리가 타자기가 탄생했던 세계와 완전히 다른 세계에 살고 있기 때문이다.

당시, 필수적인 기술적 전제 중 하나는 가장 많이 사용되는 문자들을 최대한 떨어뜨려 놓는 것이었다. 타자기에 있는 망치는 종종 서로 겹치거나 엉키면서 작업을 지체시켰을 뿐 아니라, 타자기에 물리적 손상을 입히곤 했기 때문이다. 따라서 가장 빈번하게 사용되는 문자 사이의 간격을 벌리는 것만으로도 망치끼리 엉키지 않고 타자 치는 속도를 높일 수 있었다. 자판 중간에는 알파벳 순서대로 'DFGHJKL'이 배열돼 있다. 또 여기에 빠져 있지만, 가장 많이 사용하는 'E'와 'I'는 바로 윗줄에 서로 거리를 두고 떨어져 있다. 이쯤 되면 이전에는 비논리적으로 보였던 자판의 배치가 합리적일 뿐만 아니라 독창적으로 보이기까지 한다. 이는 글자가 새겨진 망치들이 잉크 리본을 빠르게 연속해서 타격하고, 종이에 인쇄되는 순간의 간격을 조금이라도 떨어뜨리기 위해 타협을 선택한, 실용적이지만 불완전한 쿼티 자판의 기원에 관한 이야기다. 당시 지나치게 빠르고 불규칙한 타자 작업은 기능에 문제를 일으켰다. 망치들이 서로 엉키면서 같은 글자를 여러 번 찍기도 해서, 하던 것을 멈추고 지우개나 수정액으로 수정해야만 했다.

결국 가장 많이 사용되는 문자 키를 멀리 떨어뜨려 놓는 방식으로 망치와 롤러의 구조를 고려한 타자기가 설계됐다. 그러자 망치가 겹치는 문제도 눈에 띄게 사라졌다. 그리고 순전히 우연한 일도 있었다. 'R'은 많이 사용되는 문자가 아니었음에도 윗줄 왼쪽에 배치했는데, 이는 타자기 판매업자들이 잠재적인 고객들 앞에서 '타자기(TYPEWRITER)'라는 글자를 선보일 때 단지 맨 윗줄만 사용하는 인상적인 모습을 연출하기 위해서였다(자판이 옆에 있다면 한번 시도해보라. 100년도 더 지났음에도 여전히 같은 방법이 통한다)!

하지만 쿼티 자판은 훨씬 더 알아차리기 힘든 다른 비밀도 담고 있다. 1932년, 더 빠르고 효율적인 드보락 자판(DSK, Dvorak Smplified Keyboard)이 등장하며 세상에서 가장 빠른 타자 속도를 과시했다. 하지만 드보락 자판은 (오래되고 한물갔으며 비효율적이기까지 한) 쿼티 자판을 밀어내지 못했다. 수십 년 전에 망치를 사용하는 방법을 폐기하고 오늘날 의기양양하게 디지털시대에 진입했음에도, 우리의 컴퓨터 자판은 여전히 윗줄 왼쪽부터 'QWERTY' 순서를 유지하고 있다. 정말 말도 안 되는 일이다.

30여 년 전, 스탠퍼드대학교의 경제사학자 폴 A. 데이비드(Paul A. David, 1935~2023)는 이 수수께끼를 풀기 위해 노력했다. 쿼티 자판은 어떻게 분명히 더 뛰어난 경쟁자를 두었음에도 살아남았을까? 1872년, 발명가 토머스 에

디슨(Thomas Alva Edison, 1847~1931) 역시 문자반(Printing wheel)*을 활용한 전기 타자기의 특허를 출원했다. 1879년에는 망치가 사라지고 모든 글자가 들어 있는 회전하는 원통을 사용한 첫 타자기가 시장에 등장했다. 그러나 아무것도 달라지지 않았다. 세상의 거의 모든 타자기는 계속해서 쿼티 자판을 사용했다. 1880년에서 1890년 사이 자판의 세계에는 망치가 없는 굉장히 다양한 모델의 자판이 등장했다. 그런데도 다음 세기가 시작할 무렵에 쿼티 자판은 전 세계 산업의 기준이 됐다. 활자 바를 활용하는 작동 원리가 발명됐고, 1901년 첫 전기 타자기가 만들어졌음에도.

그 후 IBM의 셀렉트릭 모델이 자판의 세계에 등장했고, 그 뒤를 홀러리스 천공기, 그리고 컴퓨터 자판이 뒤따랐다. 이는 중대한 변화였으며 모든 것을 선사시대의 기술처럼 보이게 만드는 정말 혁신적인 기술 개발이었다. 하지만 이 모든 변화에도 쿼티 자판은 꾸준히 사용됐을 뿐 아니라 계속해서 시장을 점유했다.

쿼티 자판의 사례는 우연히 일어난 일에 대한 '동결 사

* 타자기나 인쇄 기계에서 문자, 숫자, 기호를 인쇄하는 데 사용되는 회전 가능한 판이다.

건(Frozen accident)*'이다. 처음에는 특정한 필요에 따라 개발됐지만 그 필요성이 사라졌음에도, 즉 쿼티 자판은 최적의 해법이 아님에도 지배적인 위치를 차지했고, 운 좋게도 이어진 흐름 속에서 유행이 되며 자판의 대표적인 모형이자 표준이 됐다. 1882년, 신시내티에서 개교해 여덟 손가락으로 타자 치는 방법을 최초로 가르치기 시작한 것으로 유명한 학교도 쿼티 자판을 사용했다. 1888년, 타자 대회에서 우승한 사람은 자판을 보지도 않고 타자를 치는 숙달된 사람이었는데, 이 사람도 쿼티 자판을 사용했다. 최초의 타자 지침서도 쿼티 자판을 보지 않고 타자 치는 법을 가르치기 위해 만들어졌다. 요컨대, 필수적이지 않은 조건들의 행운 섞인 결합으로 이 타자기 자판은 성공할 수 있었다.

역사는 이런 방향으로 흘러왔고, 모든 비효율성과 불완전함에도 이 흐름을 거스르는 건 비용이 많이 들고 위험한 일이었다. 지금까지 그 누구도 전 세계적으로 사용하는 모든 쿼티 자판을 인체공학적 대안으로 대체하기 위해 선뜻 나서지 못하고 있다. 경제적 측면에서 충분한

* 하잘것없어 보이고 우연한 일이지만, 역사의 방향을 결정하는 사건을 이른다.

승산이 있음에도 아직 일어나지 않았다. 결과적으로 거의 모든 사람들이 이 불완전한 쿼티 자판이나 'Y' 대신에 'Z'를 사용한 독일의 'QWERTZ' 자판 혹은 프랑스의 'AZERTY' 같은 변종 자판을 사용할 뿐이다. 분명히, 완벽함은 기술 진화의 유일한 명령이 아니다. 쿼티 자판은 그저 역사와 그 우연의 산물이다.

우리는 인간의 지능이 DNA와 물리적 한계에 뿌리를 둔 다른 유기체보다 더 자유롭고 조건에 덜 얽매인다고 생각하기 쉽다. 하지만 오히려 금속, 유리, 플라스틱의 모습이 더 잘 변한다. 사실이다. 오늘날 우리는 말이 끄는 마차 대신 차를 타고 가스램프 대신 전구를 사용한다. 기술의 진화는 빠르고 압도적이다. 문화의 역사에서 우리는 혁신을 결정하고, 이를 곧바로 인터넷에 올려 모든 사람을 가르치고 퍼뜨릴 수 있다. 하지만 자연은 그렇지 않다. 우리는 모든 것을 대체하고 재조합할 수 있다. 그럼에도 기술의 진화는 생물학적 진화와 어딘가 닮은 점이 있다.

기술도 살아 있는 유기체처럼 최적의 설계를 가진 산물이 아니다. 그보다 처리 방식, 불완전함 그리고 기능적 조화와 관련된 타협의 과정이라 할 수 있다. 오늘날 쿼티 자판이 있는 빈티지 타자기는 수집가의 주된 목표가 됐다. 그리고 어떤 사람들은 진짜 글을 쓰는 느낌을 내기 위해 이를 사용한다. 그러니까 여러분이 읽고 있는 이 글은 완전히 다른 시대와 방식으로 탄생한 두 가지 기술의 불완전한 조합인 쿼티 자판의 컴퓨터로 쓰였다. 그리고 이 자판에도 역사의 비밀 중 하나인 땜질과 불완전함이 담겨 있다. 경제학자이자 기술학자 케빈 켈리(Kevin Kelly, 1952~)와 윌리엄 브라이언 아서(William Brian Arthur, 1945~)에 따르면, 대부분의 기술 제품은 효율성과 관계없이 잘 조합된 상품이며 이미 존재하는 요소와 구조를 재사용한 결과다[40].

그러므로 그 어떤 기술적 혁신도 완전히 바닥에서부터 시작한 것은 없다. 기술적 혁신은 보통 이미 존재하는 기술을 재조합하고 융합해 새로운 설계와 용도를 만들어낸다. 우리는 수정하고 재구성한 토대에서 시작한다. 이미 존재하는 한계와 표준화된 조각에서 벗어나 계속해서 변하면서도, 이미 존재하는 것을 창의적으로 재사용하는 데서 시작한다. 만약 켈리와 브라이언 아서가 옳다면 진화적 땜질은 기술적 진화와 혁신에 적용됐을 것이다.

사실, 기술의 역사에서 창조자가 원래 의도한 것과 같은 용도와 기능으로 남아 있는 발명품은 거의 없다. 에디

슨이 제작한 초기 축음기도 단지 녹음한 음악을 재생하는 용도로 발명되지 않았다. 마찬가지로 라디오, 트랜지스터, 레이저, 인터넷 그리고 GPS도 그랬다. 다른 말로 하자면, 예측할 수 없는 과학적 발견의 모든 결과물인 이 기술들은 오늘날 우리가 태어나 자라고 살아가는 환경에 스며들어 있다. 더군다나 다양한 재사용과 확장의 전형인 스마트폰은 갖가지 진동음으로 우리의 삶을 침범하고 있다.

자칭 사피엔스들의 위업

기술은 우리가 세상을 바꾸는 오래된 방법이지만, 세상은 무심코 우리를 바꿔놓았다. 그리고 우리는 우리의 커지는 힘과 오랫동안 존재해온 한계 사이의 불완전한 마지막 순간에 가까워졌다. 후자는 이미 언급했기에 전자의 사례를 짧게 나열하고 넘어가는 정도면 충분할 것이다. 우리는 기술의 발전과 함께 300만 년 동안 진화해왔다[41]. 그 과정에서 식물과 동물을 길들이기도 했다. 증기기관에 의해 산업혁명이 시작된 이래, 특히 정보혁명 이후 인공지능, 분자 기계, 유기체 모형, 가상현실 기기, 생체 프린터,

HMI(Human Machine Interface)*, 합성 박테리아, 유전자 조작 생물, 로봇, 드론 그리고 통신망으로 실시간 대화하는 장치들에 이르기까지, 그것들이 제공하는 조언과 정보들은 때때로 불필요해 보일 만큼 가득하다[42]. 우리 두뇌는 매일 웹 속을 오가며 인류의 '최고'와 '최악'을 실시간으로 광범위하게 보여주는 지금껏 가장 큰 실험에 참여하고 있다.

전 세계의 다양한 실험실에서는 앞으로 자연에서 어떤 형태로 등장할지 모를 치명적인 유전자 변형 바이러스에 맞서기 위한 연구가 진행되고 있다. 비록 훌륭한 목적이 있지만 악용될 가능성도 있다. 합성생물학자들은 최소한의 유전체를 지닌 미생물을 만들어내기도 했다. 이제 이들은 다른 염기서열을 더해 이 미생물을 수정할 것이다. 비유하자면, 우리는 지금까지 고작 우리 자신과 수백 종에 달하는 생명체들의 DNA를 다룬 책을 읽었을 뿐이다. 앞으로는 여기에 더해 DNA 염기서열을 새롭게 조합하고 오려 붙이고 제거할 수도 있다. 제약, 유전자 치료, 신약과 백신 합성 그리고 동식물 개량의 측면에서 큰 진보를 일궈

* 인간과 기계 사이의 상호작용을 가능하게 하는 모든 인터페이스 또는 작동 체계를 이른다.

낼 것이다. 물론 이 모든 것에는 유전자를 편집한 아이를 만드는 일같이 보기보다 위험한 진보도 뒤섞여 있다.

그사이 미세 플라스틱은 바다 밑 깊은 곳에 이르기까지 널리 퍼졌다. 산호초는 백화됐고, 바다는 산성화됐으며, 극지방의 만년설의 양은 점점 줄어들었다. 심지어 인류의 활동으로 진행된 지구온난화는 전 지구적 규모의 환경 체계에 대한 거대하고 위험한 실험이다. 생물권은 어떻게든 적응하겠지만, 호모 사피엔스도 적응할 수 있을지는 미지수다. 언젠가 우리는 이 무분별한 행동이 이미 존재하는 끔찍한 전 세계적 불공평과 부정적으로 연결돼 있다는 사실을 이해하게 될 것이다. 더 끔찍한 상황으로 진행되고, 결과적으로 기아, 갈등, 불안 그리고 막대한 숫자의 난민을 만들어낼 것이다. 우리는 세상을 변화시키고 세상은 우리에게 그 대가를 치를 것을 강요하고 있다. 이는 '진화의 덫'이라고도 불리며, 여기서 빠져나오는 건 쉽지 않다.

임박한 위험은 양심과 정신을 깨어나게 만든다. 그리고 인류로 인해 기후가 달라진 지역에서 태어난 사람들은 오늘날에는 생각지도 못한 에너지, 교통수단 그리고 건축법을 찾을 것이다. 하지만 그사이 생물 다양성은 곤두박질치고 있다. 여기에는 인류의 식량을 생산하는 데 크게 공헌하는 곤충을 비롯해 여러 절지동물같이 거의 모든 물질에 내성이 있다고 추정되는 동물들의 멸종 위기도 포함된다. 그러면서 우리는 스스로 '사피엔스'라 부르고 있다. 우리가 남긴 플라스틱 섬은 비록 우리와 그리 좋은 관계는 아니지만, 우리보다 완벽한 생명체인 바이러스, 박테리아, 해파리, 바퀴벌레, 쥐, 전갈이 물려받을 것이다. 우리가 사라진 후에야 비로소 바다와 산은 과거의 영광을 되찾을 것이다. 최근 벌어지고 있는 '여섯 번째 대멸종(Sixth mass extinction)'의 원인은 잘 알려져 있다. 목초지, 대규모 농장, 도로, 광산을 만들기 위한 삼림 파괴, 여행과 무역으로 인한 침입종의 확산, 무분별한 도시화, 농경과 산업 오염 그리고 집약적인 사냥과 낚시를 통한 자원의 과도한 채집 등이 그것이다[43)]. 우리라는 종은 지구 전역에 걸쳐 흔적을 남겼다.

우리는 전 세계적으로 드러나는 테러리즘, 종교적 근본주의, 어리석은 소비주의, 모든 종류의 체제 순응주의, 불합리한 경제적 선택, 근시안적 정치의식, 무능한 대중영합주의, 지정학적 무정부 상태, 약탈 경제 그리고 부패 같은 지구 곳곳에 퍼져 있는 우리만의 다른 작은 결함들을 무시하곤 한다. 철학자 미셸 드 몽테뉴(Michel de

Montaigne, 1535~1592)는 사람들이 자신들의 문화, 종교, 정치가 완벽하다는 착각에 빠져 있으며, 자신의 공동체를 통제하기 위한 핑계로 타인들의 불완전함을 이용한다고 지적했다[44]. 원자력은 대개 다양한 형태의 미신이나 잘 구축된 과학적 근거를 무시하고 싶어 하는 정치 계급의 수중으로 들어간다. 결국 우리는 불편한 진실을 숨기고 제거하는 데 능숙하다.

수많은 인류의 그릇된 행동에도 불구하고 비관주의가 득세하지는 못할 것이다. 인간의 불완전한 본성이 막다른 곳에 서 있는 것이 아니라, 좋든 나쁘든 이제 막 그 첫 번째 불확실한 첫걸음을 뗀 것일 뿐이기 때문이다. 우리는 이제 막 출발점에 섰다. 뇌 속에 마이크로칩을 심든, 구글에 점점 더 중독되든, 클라우드에 과하게 연결되든, 바이오 로봇 인공기관과 합성 유기체로 둘러싸여 있든, 포스트휴머니즘(Post-humanism)*의 지지자들이 뭐라고 하든, 우리는 여전히 개선 가능한 오래된 아프리카 출신 호모 사피엔스의 또 다른 버전일 뿐이다. 자연스럽게 우리 내

* 인간 중심적인 세계관을 넘어서 인간과 기술, 자연과의 관계를 새롭게 조망하는 철학적, 문화적 조류다. 이는 인간의 인지 및 신체적 한계를 기술적, 생물학적 방법으로 넘어서려는 시도와 연관돼 있다.

부의 진화적 분열 격차는 벌어질 것이다. 10만 년 전, 나뭇가지와 쪼개진 돌멩이로 무언가를 만들었던 이족보행 영장류는 앞으로 우주선을 운전하고, 항구적인 달기지를 설계하며, 그래핀(Graphene) 같은 놀라운 나노 소재를 발명하는 것은 물론, 힉스입자와 중력파의 존재를 예측하고 밝혀낼 것이다. 우리가 가진 가장 존엄한 기술 중 하나는 우주의 경계를 바라보고, 우리가 어마어마하게 많은 불완전함과 전환점(루크레티우스적인 클리나멘)으로 탄생했다는 사실을 이해하는 것이기에 진화와 지식의 순환은 닫힌계다.

우리는 불완전한 존재로서, 자신도 모르는 사이에 우리의 미래를 만들어낸다. 그런 의미에서 굳이 기계와 인공지능에 맞설 필요는 없다. 연산, 기억, 정밀함, 반복성 그리고 속도가 필요한 일의 종류라면, 그들은 결국 어디서든 이길 것이다. 남은 것은 그들이 갖지 못한 불완전함을 소중히 여기는 것뿐이다. 우리의 불완전함을 보완하기 위해서 그들을 프로그래밍하며, 그 프로그래밍의 주체도 여전히 우리 자신이다. 우리는 37억 5천만 년이라는 우연의 역사와 풍부한 사고의 길을 거쳐왔지만, 그들은 그렇지 못했다. 불완전함이라는 놀라운 인간적인 요소를 갖지 못한 그들은 위대한 시를 쓰거나 예술작품을 감상하는 데 애를 먹는다. 또, 종종 곤경에서 벗어나게 하는 비논리적 인 번뜩임도 찾기 어렵다.

레비-몬탈치니에 따르면, 불완전함은 "호모 사피엔스의 행동에 관한 지배적인 기록"이며, 우리의 역사적 비극과 매일같이 일어나는 불운 모두에서 분명히 드러난다[45]. 몽테뉴는 『에세(*Essai*)』(1588)에 이렇게 썼다. "나는 나 자신과 충동의 완전한 주인이 될 수 없다. 우연이 나보다 강하다. 〈…〉 나 자신을 찾으려고 할 때, 나는 나를 찾지 못한다. 때로는 의식적인 노력보다 우연한 과정으로 나를 발견한다." 그 후로 400년쯤 흐른 지금, 커진 힘과 고집스러운 불완전함으로 이뤄진 다양한 인류는 가장 근본적인 질문을 던진다. 여러분이 만약 이 놀이에 별 관심이 없었던 똑똑한 신이었다면, 이 모든 무기를 호모 사피엔스 같은 존재의 손에 넘겨줬을까? 불과 20만 년 전, 갑작스레 등장했을 뿐인 인간 형태를 한 아프리카의 영장류를 믿을 수 있었을까? 지구라고 부르는 우주선의 열쇠를 넘겨줄 수 있었을까? 호모 사피엔스에게서 중고차를 살 것인가? 그 답은 우리 종이 얼마나 이성적인 판단을 내릴 수 있다고 생각하는지에 달려 있다.

지구평평론자들은 순항 중이다

수백 년 동안 인간이 가장 이성적인 동물이라 말해왔지만, 박학다식한 버트런드 러셀(Bertrand Russell, 1872~1970)이 언급했듯이, 우리는 이 말을 뒷받침할 수 있는 증거를 찾기 위해 평생을 보낸다. 하지만 그런데도 아무것도 찾지 못한다. 오히려 자기기만이라는 편향성을 뒷받침할 증거를 훨씬 더 많이 찾는다. 어떤 사건이 일어날 때마다 항상 다른 사람의 탓으로 돌린다. 우리라는 존재는 사건이 일어난 후 합리화하는 데 타고났기에 변명하는 일에도 능숙하다. 편견은 우리를 미치게 만든다. 모든 것이 다 끝난 뒤에는 학대나 불의의 피해자가 어떤 식으로든 그들 스스로 그것을 자초했다고 여긴다. 기다리면 더 나은 결과가 기다리고 있음에도 지금 당장 모든 것을 원한다(특히 불완전한 청소년기에 두드러지지만, 항상 그런 건 아니다). 미래가 불확실하더라도 탐욕스러운 현재가 더 가치가 있다[46].

행동에서의 불완전함은 인류에게서만 나타난다. 그러니까 우리는 이런 특성을 가진, 세계에서 유일한 동물로 보인다. 하나는 진화론자 빌 해밀턴(Bill Hamilton, 1936~2000)이 '악의적 부적응 전략(Nonadaptive strategy of malevolence)'이라 불렀던 것으로, 자신에게는 하등 이익이 되지 않으면서도 다른 사람에게 해를 가하는 일이다. 다시 말해, 경제사학자인 카를로 M. 치폴라(Carlo M. Cipolla, 1922~2000)가 말한 인간이 지닌 어리석음의 세 번째 기본 법칙, 즉 어리석은 사람은 다른 사람에게 손해를 끼치면서 자신은 아무런 이득을 얻지 못하고, 심지어 손해를 입을 수 있는 사람이라는 것이다[47]. 어쨌든 직접 말할 용기가 없어서 소셜 미디어에 끔찍한 말을 배설하거나 나라를 완전히 엉망진창으로 만드는 지도자를 지지하는 포유류가 우리 말고 또 있던가? 사람들의 세계에서 여러분은 범죄자가 되지 않고도 타인에게 해를 끼치는 일을 저지를 수 있다. 아주 빈번하게, 이런 해악은 부주의함, 무지함 그리고 나태함으로 인해 일어난다.

우리는 숭고한 기술적 발명품인 인터넷 안에서 끔찍한 인간의 원시적 본성을 마음껏 발산하고, 편안한 디지털 부족이라는 익명성에 숨어 자신의 사고방식을 고수한다. '우리끼리'라 부르는 공동체 부족에서 향수를 느낀다면 인터넷의 광활한 바다에서 원시 공동체를 찾은 것일지도 모르겠다. 너무나 비합리적인 방식으로, 이미 우리처럼 생각하는 사람들 사이에서 안정감을 느끼고 믿고 싶어

하는 것을 확신하기 위해 고집스럽게 그곳을 기웃거린다. 정보를 찾아다니는 척하지만, 이미 답은 나와 있다. 같은 생각을 가진 이들의 거울에 비춰, 믿고 싶은 것에 관한 확증을 고집스럽게 찾는다.

진실이 사라진 시대에 '직관'이 그 자리를 차지하고 모든 것이 해석의 대상이 됐다. 목소리가 큰 사람, 전문적인 음모론자들과 아마추어 음모론자들이 득세한다. 그리고 이른바 지혜로운 사람들에게 큰 권력을 민주적인 방식으로 의식적으로 맡긴다. 인터넷의 잘못된 정보를 제공하는 사람들은 몇몇 공통된 특징이 있다. 편집증적인 확신에 차 있으며, 모든 반론의 가치를 부정하며, 그 어떤 반증도 깊이 생각하기를 꺼리며, 어리석음에 이의를 제기하는 이들을 조롱한다. 이들은 우리처럼 불완전한 평범한 사람들이기에 뱃살이 어느 정도 있으며, 식사 후에 트림을 하며, 부적절하다고 느끼지 않고 '지혜로운 사람들'에게 투표를 한다.

모든 것을 아는 듯이 행동하지만, 사실 우리는 매일 편견, 단순한 감정 그리고 잠재적 욕구를 자극하는 광고 메시지들에 속아 넘어간다. 다양한 사기꾼들에게 함락당한다. '80% 저지방' 식품을 '20% 고지방' 식품보다 선호하며, 쓸모없는 물건을 9.99달러에 팔면 10달러보다 훨씬 저렴하다고 생각한다. 뉴스에서 상점들이 이틀 동안 문을 닫을 거라는 소식을 듣게 되면, 마치 한 세기에 한 번 올까 말까 하는 기근을 준비하듯이 쇼핑카트에 물건을 쓸어 담으러 달려갈 것이다. 또, 다음 주면 반값이 된다는 사실을 뻔히 알면서도 크리스마스에 걸맞은 의식을 제때 치르기 위해 모든 물건을 두 배 가격으로 구매하기도 한다. 더욱이 자동차를 타고 이동해 복잡한 쇼핑몰 안으로 들어가 설탕과 지방이 듬뿍 들어간 간식의 특별 할인 혜택을 위해 두 시간씩 줄을 선다. 하지만 그것도 잠시, 그 쇼핑센터에서 무용한 물건을 사는 데 구매력이 조금이라도 떨어지면, 그 즉시 파리로 모여 시위를 벌이고 쓰레기통을 던지기에 바쁘다.

이 모든 행동에서 우리의 진화적 관성은 명확히 드러난다. 우리는 적절한 시기에 번식이라는 결정을 재빨리 내리고, 불안정하지만 유용한 식량자원을 확보하고, 포식자의 움직임을 예측해 도망치고, 앞에 서 있는 사람이 아군인지 적군인지를 몇 초 만에 판단해야 했던 동물에서 진화했다. 이런 환경에서 살아남기 위해서는 주변에 있는 신호와 단서를 빠르게 읽어내야 한다. 심사숙고하거나 가능성을 계산할 틈이 없다. 철학이나 과학도 이런 경우에는 별 소용이 없다. 즉각적인 위험을 예고하는 상황을 기억하고 즉시 도망가는 편이 낫다. 만약 속도가 중요하다면 정확하지 않아도 된다. 가끔은 틀리겠지만, 목숨을 잃는 것보다 과하게 조심성이 있는 편이 더 낫다. 이는 속도와 신뢰성 사이의 또 다른 타협으로, 수많은 불완전함과 대강의 결정을 낳는다.

그러므로 철학자 대니얼 데닛이 수십 년 동안 주장해온 것처럼, 자연선택에 의한 진화가 우리를 합리적이고 거의 완벽하게 논리적으로 '설계'했다는 말은 사실이 아니다. 데닛은 경험적 현실이 아니라 영화를 묘사한 것이다. 특별한 재능이 있는 몇몇 사람들이 논리적인 정리를 만들고, 확률론과 의사결정에 관한 이론을 생각해냈다는 건 분명한 사실이다. 하지만 이것들은 '자연선택을 통해' 저절로 얻은 인지적 성과가 아니다. 오히려 진화에 뿌리를 두고 있는 건 합리성의 기준에 충족하지 못하는 인지적 오류, 편견, 전후 사정에 따른 제약 그리고 체계적인 무력함이다[48]. 이런 결함은 판단의 정확성과 그 속도 사이의 오래되고 불완전한 타협에서 유래했다. 불합리함 혹은 적어도 제한적이고 실용적인 불합리함은 우리가 살아남을 수 있도록 도왔다(그렇다고 이것이 무조건 정당화된다는 뜻은 아니다).

대부분의 사람들에게 철학자나 과학자처럼 활용 가능한 자료를 근거로 가장 적절한 행동을 심사숙고하는 것은 그리 직관적으로 와 닿지 않는다. 심리학자 게르트 기거렌처(Gerd Gigerenzer, 1947~)가 깨우쳐 줬듯이, 우리는 진화적 과거로부터 논리와 확률 계산이 아니라, 생존하고 번식해야 하는 실질적인 상황에서 제 역할을 할 수 있는, 맥락적이며 생태적인 합리성을 물려받았다. 오늘날 우리는 이 허술하고 불완전한 이성이 맞닥뜨려야 했던 자연적 그리고 사회적 환경의 적응 문제를 알고 있다. 이는 마치 우리 머릿속에 영구적으로 활성화된 격세유전 감지기가 있어, 같은 편을 감지하거나 잠재적 적의 움직임을 예측할 수 있는 것과 같다. 같은 이유로 우리는 완전히 관련 없는 현상 사이의 원인과 결과를 관련짓는 경향이 있다. 예를 들면, 사다리 아래를 지나는 것과 시험에서 떨어지는 것을 연결하는 것처럼*. 그리고 이는 무수히 많은 인류의 미신으로 연결된다.

* 기독교적 세계관이 지배하는 서양에서는 사다리 아래를 지나가면 불운이 따른다는 속설이 있다.

우리는 상관관계가 인과를 암시한다고 생각하는 경향이 있다. 몇 가지 일화나 부족한 사례와 예시를 보고 일반화하는 것이다. 발달심리학, 인류학, 신경과학 분야의 연구 결과에 따르면, 우리의 마음은 과거 내내 오랜 적응 과정을 거쳐 발전했다. 이 과정에서 물리적인 사물과 살아 있는 존재를 구별하는 능력을 지니게 됐다. 이제는 굳이 필요하지 않은 적응이지만, 마음은 여전히 그렇게 물체와 생명체를 구분 짓는 습성을 가졌다. 결국, 우리는 자연의 이원론자이자 애니미스트다. 우리는 목적과 의도를 살아 있지 않은, 그리고 살아 있는 대상 모두에게 부여하는 경향이 있다. 아무런 상관관계가 없어 보일 때도 그렇다. 그리고 다시 한번 말하지만, 모든 계략과 음모를 상상하며 의도와 목적을 연결 짓는다. 우리의 이야기에는 분명하든 그렇지 않든 항상 목적이 있다는 것이다.

다른 말로 하자면, 우리는 믿음의 기계이며, 이런 믿음을 끝도 없이 만들어낸다. 이는 무지나 교리에 대한 강력한 믿음의 문제가 아니다. 어떤 것을 더 강하게 믿고 싶다면 더 많이 알게 될수록, 더 많은 정보를 수집할수록 우리는 원래의 생각을 더 공고히 하기 위해 더 많은 퍼즐 조각을 우리 마음에 끼워 맞출 것이다. 번쩍하는 번개가 근처에 떨어진다면 이런 현상이 벌어지게 된 물리적인 이유를 묻기 전에 누군가가 메시지를 보낸 것이라 속단하고, 누가 어떤 메시지를 보냈을지 추측하기 시작할 것이다. 독특한 사건이 우리 눈앞에서 일어나면 즉각적으로 이렇게 생각한다. '이건 우연일 리가 없어! 이건 운명이야.'

하지만 이는 우연이다. 그런데도 믿음은 우리를 위로하고 우리의 불만과 고통을 달래주고, 불완전하고 무의미한 이야기에 의미를 부여하기에, 믿음은 꼭 필요한 것으로 둔갑해 우리를 수많은 망상으로 이뤄진 이론으로 무장한 용감한 투사로 변하게 할 것이다. 심지어 비웃음에 대한 비용을 치를 용의도 있다. 지구가 평평하다고 믿는 사람들이 크루즈를 타고 지구의 끝을 보기 위해 여정을 떠난 사례처럼. 이들은 절대 지구의 끝에 도달하지 못할 것이다. 하지만 그 후에 이들은 왜 지구의 끝에 도달하지 못했는지에 대한 이유를 설명하기 위해 완벽한 '논리'를 만들어낼 것이다.

우리에겐 선견지명이 없다

우리의 뇌가 모순적이고 조잡한 기능적 결함투성이라는 점을 뒷받침하는 분명한 단서들이 넘쳐난다. 우리는 수도 없이 많은 실수를 하고, 실수하는 순간에도 실수하고 있다는 사실을 잘 알고 있다. 틀렸다는 사실을 분명하게 알고 있음에도(이미 적어도 이해하기 위한 지적이며 실질적인 도구를 갖고 있다), 원인이 인지부조화든 습관이든 사회적 분위기든 어쨌든 밀고 나간다. 하지만 새겨야 할 점은 우리가 태초부터 계속 이성과 본능 사이에서 원초적인 투쟁을 해왔던 것처럼, 종종 우리를 지배해온 낡은 감정의 웅덩이에 갇힐 뿐 아니라 통제력을 잃는다는 것이다. 사실 이는 수많은 이야기들의 단면일 뿐이다.

셀 수 없이 많은 인간의 비합리성을 보여주는 더 본질적인 진화적 논리가 있다(그렇다고 해도 이 행위들은 정당화될 수 없다). 불성실, 전문가의 이기심, 특권적 불투명성 같은 것만으로는 설명이 충분치 않다. 이는 본질을 호도하는 원인일 뿐이다. 그 중심에는 원천적인 불완전함이 자리 잡고 있다. 이 불완전함이 없었다면, 지금 이에 관해 이야기할 수조차 없었을 것이다. 수많은 과학적 연구는 우리의 뇌가 생각하고 결정을 내릴 때 서로 다른 상호 연결된 두 체계(혹은 다양한 방식으로 뒤얽힌 두 체계)를 사용한다는 사실을 보여줬다.

간단히 말하자면, 첫 번째 체계는 진화적으로 오래된 것으로 우리의 반사적이고, 일상적이며, 빠르고, 의식적이지 않은 행동을 담당한다. 이는 일상적인 상황에서는 물론, 긴급 상황에서도 진두지휘하는 체계로 정의할 수 있다. 아침에 일어나는 순간부터 그날그날 알아채지 못하는 사이에 우리를 이끌어가는 평범한 활동을 주도할 뿐만 아니라, 깊이 생각하지 않고 빠르게 반응해야 하는 위험한 상황에서도 개입하며, 주로 편도체, 소뇌, 기저핵(Basal ganglia)에 연결돼 있다.

두 번째 체계는 비교적 근래에 이뤄진 진화적 발달로 생성된 것으로, 상황에 맞는 신중한 판단 영역, 즉 개념, 일반화, 원리, 추상화 등 신중한 분석이 필요한 행동을 관장한다. 논리적 추론 체계라고 부르기도 하며, 전두엽 피질이 주로 이 역할을 담당한다. 이미 앞선 5장에서 봤던, 어떤 사람이 낯선 다른 인종을 목격했을 때 뇌 속에서 일어나는 충돌이 전형적인 이 두 체계의 충돌이다.

한 체계가 다른 체계보다 더 이성적이거나 감정적이라

고 단언할 수는 없다. 둘 다 제 역할을 잘 수행하며 우리의 진화에서 근본적인 역할을 담당했다. 우선, 첫 번째 체계는 경험을 기반으로 한 즉각적인 평가를 제공함으로써(예를 들어, 갑자기 등장한 장애물을 만났을 때 올바른 방향을 가리킴으로써) 빠른 결정이 필요하거나, 혹은 다양한 변수를 기반으로 판단을 내려야 할 때 필요하다. 그리고 두 번째 체계는 과학과 이성적 논거를 기반으로 한 모든 선택지를 제공한다. 특히 새로운 문제를 맞닥뜨렸을 때 유용하다. 따라서 어느 한쪽은 비이성적이고 다른 한쪽은 이성적이라고 여겨서는 안 된다. 특정한 상황에서는 즉각적이며 본능적인 행동이 가장 이성적인 선택이 될 수 있다. 하지만 동시에 이 둘 모두 끔찍한 실수를 저지르게 만들기도 하는데, 우리의 행동은 자주 두 체계 사이의 즉흥적인 타협을 통해 만들어지기 때문이다.

사실, 이 두 체계 모두 한쪽이 다른 한쪽을 확실히 통제하지 못한다. 직관과 사고 사이의 상호 간 간섭은 자칭 '사피엔스'라 부르는 포유류가 상상의 능력을 지닌 한 불완전하다. 하나가 다른 하나를 조절하는 동안 그 다른 하나도 상대에 영향을 끼친다. 그 어떤 경우에도 이 신중한 체계는 항상 신뢰할 수 없는 자동반사적인 체계가 제공하는 정보를 기반으로 한다. 정말 피곤할 때 혹은 일과 스트레스로 과부하가 걸렸을 때면 이러한 정상적인 체계가 작동하기는커녕 수천 개의 번거로운 절차와 잘못된 반응에 이끌려, 오히려 자동반사적 체계의 약점을 교묘하게 이용하는 사람들에 의해 쉽게 조종당하곤 한다. 다시 말해, 머리를 써야 할 때임에도 본능에 기댄다는 뜻이다. 물론 그 반대도 마찬가지다. 본능적이고 무의식적으로 일어나는 동물적인 반응이 필요할 때 사소한 문제(수많은 결함을 만들어낼 또 다른 진화적 불균형)로 시간을 허비한다.

그러므로 다른 곳에서 완벽함을 찾아야 한다. 아마도 인류의 '우월한' 능력에서. 이전 마지막 장에서 우리는 언어에서 완벽함을 찾는 일이 얼마나 쓸모없는지를 확인했다. 기억력은 어떤가? 우리의 기억은 짧고, 극단적으로 선택적이고, 왜곡됐으며, 단편적이다. 단지 동물적 기억에 불과하다. 우리의 기억력은 빠르게 활성화돼 맥락에서 단서를 찾는 데는 훌륭한 기능을 수행하지만, 당연히 신뢰라는 대가를 치러야 한다. 우리의 기억이 정확히 어디에 쌓여 있는지 모른다. 어쩌면 뇌 전체에 쌓여 있을지도 모른다. 하지만 확실한 한 가지는, 그 기억의 조각들을 의식으로 드러낼 때 이미 그 기억이 빛바래져 있음을 깨닫고는 재해석하고, 재구성하고, 수정해 여러 기억 조각을 혼합하거나, 그것도 아니라면 그냥 잃어버린다. 우리는 너무 많이 혹은 너무 조금 기억한다. 하지만 누군가가 우리를 실망시킨다면, 그 즉시 그에 관한 모든 결점을 모두 떠올릴 수 있다. 이런 이유로 인터넷에서 읽은 정보의 출처(사실성 여부)는 금세 잊어버리고, 비슷한 뉴스를 두세 번 읽는 것만으로 그것을 당연한 사실로 받아들인다. 우리의 기억력이 짧다는 말은 뉴스의 결론이 어떻게 났는지 확인하기 위해 굳이 그 뉴스를 다시 읽는 일은 거의 없을 거라는 사실을 의미한다. 그리고 당연한 말이지만, 역사적으로든 개별적으로든 같은 실수와 참상을 반복할 것이다. 그러므로 오늘날 내리는 결정 그리고 그 결과로 미래 세대가 누릴 것으로 예견되는 결과는 안타깝게도 우리의 선천적인 재능이 아니다. 우리는 교육과 문화를 통해 결정을 내리는 방법을 배워야 한다. 진화에서 중요한 것은 여기, 바로 지금이다. 기대수명과 삶의 질이 낮고 삶과 죽음이 촌각을 다투고 있었을 때, 미래는 그저 의미 없는 가설 그 이상도 이하도 아니었다. 즉, 진화적인 맥락에서 우리에게는 선견지명이 없다. 저녁에 집으로 돌아와 식탁 위에 어떤 음식이 있는지 확인하고는 다이어트를 미루기로 결정한 순간, 이를 분명히 확인할 수 있다. 장기적인 이익보다, 설사 그 보상이 더 적더라도 지금 당장에 얻을 수 있는 이익을 선호한다는 사실이 수많은 실험을 통해서 입증됐다(심지어 가까운 미래라 할지라도 그랬다). 우리가 가진 전혀 이성적이지 않은 면이지만, 실제로 우리가 행동하는 방식이다. 당장의 유혹은 불가항력적이고, 오랜 시간 간직했던 탐욕과 또 급조된 필요(예를 들어, 광고 등을 통해 만들어진 충동적인 필요)를 충족시켜준다. 우리는 가치와 가격을 동일선상에 두려는 경향이 있다. 비싼 것을 더 가치 있는 것으로 여긴다. 그런데도 스스로 호모 에코노미쿠스(*Homo Economicus*)라고 부른다.

그러니 다시 질문으로 돌아가자. 만약 여러분이 회사의 소유주라면 이처럼 일관성 없고 믿을 수 없는 전문 경영자에게 회사를 맡길 수 있을까? 기억력과 언어는 말할 것도 없거니와 언제든지 정상 궤도에서 벗어나는 뇌를 가진 사람에게 당신의 모든 자산을 맡길 수 있을까? 여기에는 분명한 답이 없다. 이는 마치 거울을 마주하고 질문하는 것과 비슷하기 때문이다. 순환의 역설이다. 불완전한 호모 사피엔스는 엄청난 수학적 능력, 물리법칙을 이해하는 능력, 기술적 재능, 지식 탐구 능력, 끝없는 호기심 그리고 입맛에 맞도록 환경을 변형시키는 힘을 지니고 있다. 하지만 불완전한 호모 사피엔스는 신체적 약점, 추론의 오류, 사회관계상의 갈등 유발 그리고 제한된 예지력이라는 측면에서 마찬가지로 엄청난 한계를 갖고 있다.

홀로코스트 생존자이자 작가인 프리모 레비(Primo Levi, 1919~1987)는 인간 본성의 결함, 그 불완전함이 여전히 남아 있다고 봤다[49]. 레비는 『가라앉은 자와 구조된 자(*The Drowned and the Saved*)』(1986)에서 "사람은 짐승이 아니"라고 언급했다. 사람들은 특정한 조건과 상황에서 기본적인 본능을 따르게 된다. 우리는 양면성과 이중성을 지닌 본성을 물려받았기에 문화와 경험을 더 나은 방향으로, 혹은 더 나쁜 방향으로도 이끌 수 있다. 그런 이유로 윤리적이며 시민적인 경계가 꾸준히 필요하다. 레비에 따르면, 이야기의 창작처럼 기술의 발명도 창작이다[50]. 기존의 재료와 그 제약에서 시작하며, 이는 진화와 같다. 이런 의미에서 호모 사피엔스는 레비에게 완전히 새로운 존재다. 숭고한 일을 할 수 있는 동시에 예상치 못한 공포를 일으키기 때문이다. 『이것이 인간인가(*If This Is a Man*)』(1958)의 부록에서 레비는 강제수용소가 비인간적이고, 심지어 반인륜적인 발명품이며, 역사적으로 전례 없는 일이라고 기록했다. 하지만 아르카디아(Arcadia)*로 돌아갈 수는 없을 것이다. 사람들은 여전히 자신들의 땜장이로서 역할을 해야 한다. 레비에 따르면, 우리가 이 지옥 같은 흰개미집을 재건하지 않고, "비인도주의(Inhumanism)"에 빠지지 않도록 우리 스스로 도울 수 있는 해결책은 하나뿐이다. 완벽하게 합리적이지는 않지만, 회의적이고 방법론적인 합리주의로서 첫 교훈은 매우 단순하다. 인간 마음의 불완전함을 조종하려 드는 모든 예언자를 의심하라는 것.

결론, 불완전함의 법칙

이탈리아의 작가이자 기자 디노 부차티(Dino Buzzati, 1906~1972)의 단편 「창조(The Creation)」(1966)에는 위대한 설계자가 우주를 창조한 후, 기술을 가진 천사들에 설득돼 모든 종류의 동식물을 담을 수 있는 지구를 만드는 이야기가 나온다. 모든 가능하고 놀라운 생명체들의 설계도

* 그리스 신화에서 평화롭고 이상적인 농촌을 상징하는 곳으로, 여기서는 인류가 경험한 비극적인 역사 이후 돌아갈 수 없는 이상향을 의미한다.

를 평가하는 긴 과정에서, 한 장난기 많은 천사가 앞으로 나서 창조주의 주의를 끌기 위해 애를 쓴다. 어떤 절박한 생각이라도 있는 것처럼. 그러고는 한 생명체의 형상을 보여주는데, "균형 잡히지 않고 서투르며, 어떤 면에서는 망설이는 듯하며, 그려진 형체가 중요한 순간에 의기소침하고 지쳐" 보인다. 천사는, 비록 그 형상은 서툴러 보이지만 이 존재가 유일하게 이성을 가지고 있으며(성급한 설계자는 확신한다), 그들만이 창조주를 의식적으로 숭배할 수 있다고 주장한다. 그러나 창조주는 지구를 떠돌며 잘난 척이나 하는 지적 생명체를 지구에 들이고 싶지 않았기에 천사의 의견을 묵살한다. 그럼에도 고집스러운 천사는 그날 저녁 피로에 지친 창조주를 거듭 설득해 마침내 허락을 얻어낸다. 이처럼 창조주도 가끔 호기심에 현혹된다. "창조의 시기에는 낙관적이어도 괜찮기"에, 그 "운명적인 계획"에 서명한다.

우리는 진화라는 이름의 건망증 심한 창조주의 자녀이기에, 불완전함의 여정에서 우리 이전에 등장했던 모든 완벽했던 것들을 기억할 수 없게 됐다. 불완전함에서 불완전함으로, 일탈에서 일탈로, 여기 우리가 있다. 전지전능한 동시에 무모한 호모 사피엔스의 자리에 서 있다. 그러나 만약 우리가 시작 지점으로, 모든 것의 시작인 태초로 돌아간다면 우리는 완벽한 무언가를 발견할 것이다. 바로 공(空)이다. 모든 것과 그 모든 것의 반대되는 것으로 가득한 양자진공은 시간이 존재할 틈 없이 그 자체로 온전하고 완벽했다. 그래서 원시의 비대칭, 그 변칙, 즉 모든 불완전함의 어머니는 우주의 역사를 움직이는 데 꼭 필요했다. 이 역사는 우리라는 존재를 예견하지 못했을 뿐만 아니라, 오늘날까지도 우리의 운명에 완전히 무관심하다. 이것이 사실이라면 시간과 불완전함 사이에 모종의 관계가 있을지도 모른다.

다윈은 완벽함이 있는 곳에는 역사가 없다는 말을 완전히 이해했다. 진화가 어떻게 작동하는지 궁금한 자연주의자라면, 불완전함을 들여다봐야 한다. 쓸모없고 흔적만 남은 특징들을 찾아야 한다. 이 특징들은 과거에 있었던 변화의 흔적을 상징하고 미래를 약속하기 때문이다[51]. 불완전함을 찾으면 일어나는 무언가를 목격할 수 있다. 그게 사건이든, 과정이든, 변화든, 관계든 상관없다. 반대로 완벽함을 의미하는 그 단어의 뜻에 따르면 영구적이다. 거기에는 시간이 없다. 우리가 완벽함을 발견할 때면 모든 사건은 이미 일어난 후일 것이다. 래칫 톱니바퀴는 뒤로 돌릴 수 없다. 여기에는 다른 선택지가 없다. 그리고 더는 이야기를 들려줄 것도 남아 있지 않다.

그렇다면 우리가 시간을 인식하고 경험하는 감각도 우리의 본질적인 불완전함 때문일까? 진화는 변화, 우연한 그리고 우연하지 않은 사건, 끝없이 퍼져나가는 가능성의 탐험을 의미하지만, 이는 절대적인 시간 속에서 꼭 필요한 과정은 아니다. 진보에 대한 그럴듯한 비유가 우리를 설득하듯이. 진화는 변화이자, 사건이고, 우연한 일이며, 끝없이 퍼져나가는 가능성의 탐험을 의미하는 것이지, 내일은 나아갈 것이라는 식의 달콤한 비유가 우리를 설득하는 것처럼, 절대적인 시간 속에서 꼭 필요한 과정은 아니다. 매일 벌어지는 생존을 위한 우여곡절 속에서 우리는 낮과 밤, 계절 그리고 달의 위상같이 끊임없이 규칙적인 변화 속에 갇혀 있다. 미래는 포식자가 숨어서 우리를 사냥하기 위해 숨어 있을지도 모르는 곳이기에, 정량화하고 측정할 수 있다고 확신하는 시간에 더욱 감정적으로 몰입한다.

몇몇 물리학자들의 말에 따르면, 선형적이고 포괄적이며 정돈된 시간은 우리 마음이 진화적 이유로 둘러싸여 있는 투시적 환상에 불과할지도 모른다. 이는 모든 생명체와 심지어 모든 세포의 생체시계 안에도 시간 계산이 깊숙이 자리 잡고 있기 때문이다[52]. 과거에서 미래로 향하는 돌이킬 수 없는 시간의 흐름은, 끝없이 큰 우주의 맥락에서 한낱 주변부에 불과한 작은 행성(그러나 우리에게는 모든 일이 일어나는 행성)에 거주하는 우리에게 스며든 개념일 수 있다. 진화가 불완전함을 기반으로 불완전함을 만들어냈다는 논리에 따르면, 불완전함은 우리에게 시간의 지역적(주관적) 감각과 더불어, 그 불쾌하고 억제할 수 없는 허무함이라는 감정을 준다. 불완전함은 덧없는 모든 것의 기원이 된다. 하지만 반대로, 완벽함은 그 흔적을 잃어버린 사라진 역사다.

중세 철학자들도 이를 고려했고, 다윈은 이를 펭귄의 줄어든 날개와 따개비의 화려함에서 찾았다. 완벽함은 모순적이다. 완벽한 것은 더 개선될 수 없으며, 그것을 제대로 평가할 수 있는 존재는 그만큼 완벽하거나 더 완벽해야 한다. 완벽하게 만들 수 있다는 것(즉, 발전 가능성이 있고 새로운 특징을 접목해 완성할 수 있다는 것)은 사실 지금은 완벽하지 않다는 것을 인정하는 것이다. 그래서 완벽함은 불완전함에 달려 있다. 실제로 우리는 불완전함을 통해 완벽함을 간접적으로 느낄 수밖에 없다. 몇몇 대담한 철학자들은 진정한 완벽함이 불완전한 데서 기인한다는 이론을 세우기까지 했다. 물론, 우리 인간들이 상상하는 성질머리 고약한 신(절대 책임지지 않는다는 듯이 행동함으로써 전지전능하고 박식한 능력이 자주 폄하되는 신)은 제외해야 한다.

불완전함을 신화화하는 일은 심리학 상담을 통해 나아질 수 있다고 말하는 것만큼이나 납득하기 어렵다. 서점에는 불완전함을 찬양하는 출판물로 가득하다. '그 누구도 완벽하지 않다'는 말은 다양한 방식으로 변주돼 반복되는 주제다. 사람들은 성과에 대한 불안이 마음을 좀먹는 것이기에 불가능한 완벽함을 찾지 말라는 투로 조언한다. 이를 위안으로 삼고 불완전함을 자양분으로 변환시킬 것을 권한다. 당연한 말이지만, 불완전함은 자연스럽다. 하지만 그렇다고 해서 불완전함이 긍정적이거나 옳거나 더욱이 즐거운 것이 될 수는 없다. 불완전함이 고통, 후회, 잘못된 갈망, 죽음, 낭비 그리고 허영 등과 관련돼 있다는 사실을 부정할 수 없다.

아이들은 학교에 있고, 어른들은 직장에 있는 평일 아침 11시쯤 도심을 산책하면 갑작스레 노인들의 세상에 내던져졌다는 느낌을 받게 된다. 당신도 머지않아 그렇게 될 거라 생각하는 노인들에 둘러싸여 있으면, 장수와 노화 지연을 떠올릴 수 있다. 의학적, 사회적 진보는 분명히 더 많은 생기와 황홀이라는 선물을 선사할 것이다. 그러나 동시에 고통스러운 불완전함과 필연적인 퇴행이 뒤따를 것이다. 자연선택으로 발달한 보호 기제는 번식기가 지나고 나면 제 역할을 하지 않는다. 어떤 방식으로든 노화를 늦추면, 우리는 다시 한번 진화에 저항하게 되는 것이다.

따라서 불완전함의 여섯 번째 법칙으로 돌아간다. 느린 속도로 흐르는 생물체와 빠른 속도로 변하는 문화적 발달 사이의 불일치 문제다. 우리는 이 아름답고 무의미한 세계에 감사하며 살아갈 날이 더 많아지겠지만, 다양한 종류의 질병으로 점철된 가차 없는 심리적, 신체적 퇴행의 대가를 치러야만 한다. 두족류 무척추동물처럼 우리만큼이나 호기심이 많고 독특한 다른 지적 생명체들은 우리와 정반대의 방향으로 진화했다[53]. 갑오징어와 문어의 수명은 2~3년밖에 안 된다. 물론 가끔 예외는 있지만 우리와 비교하면 아무것도 아니다. 이들은 내일을 불안정하게 만드는 어마어마한 숫자의 포식자를 피해 다녀야 하기에 일생에 한 번만 번식하고 그 이후에는 쇠퇴한다. 신체 전반에 분포해 있는 10억 개의 뉴런 중 절반이 뇌에 있는 데, 이는 고도로 응축된 덧없는 경험을 제공한다. 효율적인 카메라 같은 눈(우리보다 훨씬 완벽한 눈)은 불투명해지고, 팔다리는 떨어져 나가며, 세 개의 심장은 속도가 느려질 것이며, 안타깝게도 신체 잔해들은 뿔뿔이 흩어져 해류에 쓸려갈 것이다. 우리는 그저, 그들이 생애 마지막 순간에 이 모든 것이 시작한 거대한 바다와의 작별이라고 느끼지 않을까 짐작해볼 뿐이다.

이제, 마지막으로 불완전함을 둘러싼 여섯 가지 법칙을 정리해볼 때가 됐다.

1. **우연의 법칙:** 돌연변이, 유전적 표류, 대량 멸종, 대규모 생태 변화 등 우연이 진화의 규칙을 종종 예측 불가능하게 바꿔놓음으로써, 자연선택에 의해 최적화되고 잘 다듬어진 특성이 훗날 위험한 불완전함으로 변할 수 있다.
2. **타협의 법칙:** 자연에서 불완전함은 종종 제각기 다양한 이해관계와 대립하는 선택압 사이의 타협에서 비롯된다.
3. **제약의 법칙:** 자연선택은 모든 면에서 생물을 완벽하게 만들고 최적화하는 역할을 하는 것이 아니다.

변화하는 환경 속에서 그리고 무엇보다 역사적, 물리적, 구조적, 발달적 제약 조건이 따르기 때문에 그렇게 할 수 없다.

4. **재사용의 법칙:** 이미 존재하는 구조를 다시 사용함으로써 자연에서는 부분적으로만 최적화된다. 따라서 차선적인 불완전한 구조들이 매우 흔하게 나타난다.
5. **양파의 법칙:** 진화는 가능한 변화와 연관돼 있기에 견딜 수 있다면 과도함은 변화의 원천이 된다.
6. **붉은 여왕의 법칙:** 환경이 우리보다 빠르게 변할 때 우리는 진화적으로 뒤처지게 되고, 그 결과 항상 조금은 부적합하고 불완전하게 된다.

더 자세히 들여다보면, 여섯 가지 법칙에는 공통점이 있다. 불완전함은 '진화적 가능성'의 원천이라는 점이다. 그러니까 진화할 수 있고, 진화적 혁신을 만들어내는 능력이다. 가소성, 재사용 그리고 부산물은 유기체에게 이따금 새롭고 예상하지 못한 새로운 길을 열어준다. 다윈은 이미 알고 있었듯이, 어디에나 있는 이 불완전함은 진화의 중요한 증거 그 자체다. 그러므로 만약 누군가가 과학은 **왜**가 아니라 **어떻게**를 설명할 수 있다고 말한다면 그 말은 믿지 말자. 불완전함은 수많은 **왜**에 대한 대답이다. 또, 대안이 없다고 말한다면 그 또한 믿지 말자. 우리는 이제껏 호모 사피엔스라는 한 가지 종으로서 상황에 대처해왔다. 딱 적절한 시기(보통은 벼랑 끝)에 우리는 대안을 찾곤 했다.

1758년, 『캉디드 혹은 낙관주의』를 집필하던 시기에 볼테르는 자연과 인간이 겪는 우여곡절이 얼마나 불합리한지를 분명히 인지하고 있었다. 리히터 규모 8.5 수준의 끔찍한 지진으로, 3년 전 교회마다 사람으로 가득했던 만성절(모든 성인 대축일)에 리스본이 완전히 초토화된 경험을 했다. 유럽은 7년 전쟁의 무분별한 군사적, 정치적 그리고 종교적 잔혹성으로 갈기갈기 찢겼다. 그리고 세계는 식민주의의 만행과 압제로 시달려야 했다. 우주는 전혀 기계처럼 보이지 않았다. 설령 그곳에 기계공이 있었더라도 이미 오래전에 도망쳤을 것이다. 하지만 우리는 그로부터 2세기가 지난 지금까지 또 다른 형태로 나타나고 있는 인류와 자연의 혼란에 굴복하면 안 된다. 이제까지 묘사한 불완전함은 또 다른 형태의 허무주의가 아니다. 모든 것이 우연한 결과이므로 우리의 행동이 중요하지 않다는 의미도 아니다. 불완전함으로 가득한 세계에서 할 수 있는 일은 너무나도 많다. 예를 들어, 환멸을 유머 감각 넘치는 풍자로 탈바꿈하고, 거주지를 개선해 적어도 해결할 수 있는 인류의 불완전함에 대항할 수 있다. 몇몇 사람들의 욕심과 허영으로 불필요하게 많은 사람에게 불평등과 부당함을 초래하는 불완전함에 대항하는 것이다. 하지만 그 무엇보다도 볼테르가 작품 끝부분에서 캉디드의 입을 빌려 두 번이나 언급했듯이, "우리는 우리의 정원을 가꿔야 한다." 우리는 정원, 그러니까 지구를 이제껏 가꾸지 않았다. 이제 제대로 된 경작을 시작할 시간이다.

몽테뉴는 인간에 관해 이렇게 말했다. "실로 놀라울 만큼 다양하고 허영심 많으며 변덕스러운 존재다. 안정적이고 일관된 판단을 내리기 어렵다." 또한 "자기 자신의 주인조차 되지 못하면서 우주의 주인이자 지배자라고 믿는 정말 비참하고 초라한 존재"라고 우스꽝스럽게 언급하기도 했다(1588). 그렇다고 이런 이유로 인간이 경멸의 대상일 수는 없다. 두려움과 방어기제 사이에서, 우리는 자아분열과 방향감각 상실의 위험에 처하며 우주의 위대한 이야기 속에서 잠시 의식을 가진 개별 존재로서 우리의 하찮음을 평온하게 인식하기 훨씬 이전의 상태에 머물러 있다. 그리고 이 불완전함 속에서, 그럼에도 불구하고 위안을 찾기 전의 상태에 있다.

모든 가능성 중 다른 하나였다. 중요한 전환점 혹은 진화의 클리나멘은 과거가 다른 결과로 향할 수 있었을 순간이 여러 번 존재했다는 사실을 알려준다. 정해진 길은 없었다. 현재보다 더 많거나 적은 불완전함을 가진 수많은 대체 현재들이 실현되지는 않았지만, 그럴 수도 있었다. 그러므로 미래는 다를 것이라고 간주할 이유가 없다. 사실, 불완전함과 인류 정신의 가능성을 잘 이해하고 있었던 위대한 과학 심리학자 칼 포퍼(Karl Popper, 1902~1994)는 미래가 다방면으로 열려 있다는 점을 반복적으로 언급하길 좋아했다. 생물학자 피터 메더워(Peter Medawar, 1915~1987)에 따르면, 과학 그 자체는 해결 가능한 것들의 예술이며, 과학의 해법도 예측할 수 없을 만큼 풍성하다. 불합리함과 맹신에 귀 기울이는 우리의 성향에 이끌려 암울한 미래를 선택하는 대신에, 더 바람직하고 인간적인 미래를 가져와 사건에 영향을 미치도록 하는 건 순전히 우리에게 달려 있다. 하지만 주제넘은 환상에 사로잡히지 말자. 왜냐면, 어쨌든 그것은 다를지언정 불완전한 미래일 것이기 때문이다.

『종의 기원』의 마지막 구절처럼, 진화에는 놀라운 무언가가 있다. 아메바부터 도널드 트럼프에 이르기까지, 이 놀라운 생명의 여정은 35억 년이 걸렸다.

후주

1) 귀도 토넬리(Guido Tonelli). 2017. 「처음에는 공허였다(In principio era il vuoto)」. 『미크로메가(*Micromega*)』. 제6호 '과학 연감(Almanacco della Scienza)' 중(pp. 17-29.) 수록된 글 참조.

2) 귀도 토넬리. 2016. 『불완전한 것들의 탄생(*La nascita imperfetta delle cose*)』. Rizzoli.

3) 짐 배것(Jim Baggott). 2015. 『기원: 창조의 과학 이야기(*Origins: The Scientific Story of Creation*)』. Oxford University Press. 국역본 『기원의 탐구』(반니, 2017) 참조.

4) 찰스 다윈(Darwin, C.R). 2013. 『종교에 관한 편지(*Lettere sulla religione*)』. Einaudi. 텔모 피에바니가 편집했으며, 이탈리아어판만 있다.

5) 코스타스 캄푸라키스(Kostas Kampourakis). 2018. 『전환점: 중요한 사건이 인간 진화, 생명 및 발전에 미친 영향(*Turning Points: How Critical Events Have Driven Human Evolution, Life, and Development*)』. Prometheus Books.

6) 빈첸초 만카(Vincenzo Manca), 마르코 산타가타(Marco Santagata) 공저. 2018. 『놀라운 우연. 생명의 탄생(*Un meraviglioso accidente. La nascita della vita*)』. Mondadori.

7) 폴 팔코브스키(Paul Falkowski). 2015. 『생명의 엔진: 미생물이 지구를 거주 가능한 곳으로 만드는 법(*Life's Engines: How Microbes Made Earth Habitable*)』. Princeton University Press.

8) 마리아 글로리아 도밍게즈-벨로(Maria Gloria Dominguez-Bello), 롭 나이트(Rob Knight), 잭 A. 길버트(Jack A). 마틴 J. 블레이저(Martin J. Blaser). 2018. 「미생물 다양성 보존하기(Preserving Microbial Diversity)」. 『사이언스(*Science*)』. 제362권 6410호 중(pp. 3334.) 수록된 글 참조.

9) 존 L. 잉그럼(John L. Ingraham). 2012. 『미생물의 행진: 보이지 않는 것을 본다는 것(*March of the Microbes: Sighting the Unseen*)』. Belknap Press. 국역본 『미생

물에 관한 거의 모든 것』(이케이북, 2018) 참조.

10) 티안 첸 젱(Tian Chen Zeng), 앨런 J. 어(Alan J. Aw), 마커스 W. 펠드만(Marcus W. Feldman). 2018. 「신석기 시대 이후 Y염색체 병목현상을 설명하는 문화적 동승과 부계 혈족 그룹 간의 경쟁(Cultural hitchhiking and competition between patrilineal kin groups explain the post-Neolithic Y-chromosome bottleneck)」. 『네이처 커뮤니케이션스(*Nature Communications*)』. 제9권, p. 2077.

11) 캐스퍼 헨더슨(Caspar Henderson). 2012. 『거의 상상되지 않은 존재들의 책: 21세기 우화집(*The Book of Barely Imagined Beings: A 21st Century Bestiary*)』. University of Chicago Press.

12) 리처드 도킨스(Richard Dawkins). 2004. 『조상의 이야기: 진화의 새벽으로 순례(*The Ancestor's Tale: A Pilgrimage to the Dawn of Evolution*)』. Mariner Books. 국역본 『조상 이야기』(까치, 2018) 참조. ; 제리 A. 코인(Jerry A. Coyne). 2009. 『진화는 왜 사실인가(*Why Evolution Is True*)』. Penguin Books. 참조. 국역본 『지울 수 없는 흔적: 진화는 왜 사실인가』(을유문화사, 2011) 참조.

13) 리처드 도킨스(Richard Dawkins). 1986. 『눈먼 시계공: 진화의 증거가 설계 없는 우주를 드러내는 이유(*The Blind Watchmaker: Why the Evidence of Evolution Reveals a Universe without Design*)』. W. W. Norton and Company. 국역본 『눈먼 시계공』(사이언스북스, 2004) 참조.

14) 스티븐 J. 굴드(Stephen J. Gould). 2002. 『진화론의 구조(*The Structure of Evolutionary Theory*)』. Belknap Press. ; 스티븐 J. 굴드, 엘리자베스 S. 브르바(Elisabeth S. Vrba). 1982. 「선택적 진화 — 형태 과학에서 누락된 용어(Exaptation — a Missing Term in the Science of Form)」. 『페일리오바이올로지(*Paleobiology*)』. 제8권 1호 중(pp. 4-15.) 참조.

15) 스티븐 J. 굴드(Stephen J. Gould). 1980. 『판다의 엄지: 자연사에 대한 더 많은 고찰(*The Panda's Thumb: More Reflections on Natural History*)』. W. W. Norton and Company. 국역본 『판다의 엄지』(사이언스북스, 2016) 참조. ; 스티븐 J. 굴드. 1993. 『여덟 마리 새끼 돼지들: 자연사에 대한 고찰(*Eight Little Piggies: Reflections in Natural History*)』. W. W. Norton and Company. 국역본 『여덟 마리 새끼 돼지: 스티븐 제이 굴드 자연학 에세이 선집 1』(현암사, 2012) 참조.

16) 대니얼 데닛(Daniel Dennett). 1995. 『다윈의 위험한 생각: 진화와 생명의 의미(*Darwin's Dangerous Idea: Evolution and the Meanings of Life*)』. Simon and Schuster.
17) 뷜렌트 아타만(Bulent Ataman), 보울팅 L. 가브리엘라(Boulting L. Gabriella), 데이비드 A. 허민(David A. Harmin, 마티 G. 양(Marty G. Yang) 외. 2016. 「영장류 뇌에서 활동-조절 인자로서 오스테오크린의 진화에 대한 연구(Evolution of Osteocrin as an Activity-Regulated Factor in the Primate Brain)」. 『네이처(*Nature*)』 제539권 7628호 중(pp. 242-247.) 참조.
18) 댄 그라우어(Dan Graur), 이첸 젱(Yichen Zheng), 니콜라스 프라이스(Nicholas Price), 리카르도 B. R. 아제베도(Ricardo B. R. Azevedo), 레베카 A. 주팔(Rebecca A. Zufall), 에르판 엘하이크(Erfan Elhaik). 2013. 「텔레비전 세트의 불멸성에 관하여: 진화론이 배제된 ENCODE의 복음에 따른 인간 게놈 내의 '기능' 연구(On the Immortality of Television Sets: 'Function' in the Human Genome according to the Evolution-Free Gospel of ENCODE)」. 『게놈 바이올로지 & 에볼루션(*Genome Biology and Evolution*)』. 제5권 3호 중(pp. 578-590.) 참조.
19) T. 라이언 그레고리(T. Ryan Gregory), 타일러 A. 엘리엇(Tyler A. Elliott), 스테판 린퀴스트(Stefan Linquist). 2016. 「유전체학에 다중 진화론이 필요한 이유(Why Genomics Needs Multilevel Evolutionary Theory)」. 『계층적 관점에서 본 진화론(*Evolutionary Theory: A Hierarchical Perspective*)』, edited by Niles Eldredge, Telmo Pievani, Emanuele Serrelli, and Ilya Tëmkin, 137150. University of Chicago Press.
20) 프랑수아 자콥(François Jacob). 1999. 『파리, 쥐, 그리고 인간에 관하여(*Of Flies, Mice, and Men*)』. Harvard University Press. 국역본 『파리, 생쥐, 그리고 인간』(궁리, 1999) 참조.
21) 프랑수아 자콥(François Jacob). 1977. 「진화와 수선(Evolution and Tinkering)」. 『사이언스(*Science*)』. 제196권 4295호 중(pp. 1161-1166.) 참조.
22) 같은 저자. 앞에서 인용한 자료.
23) 같은 저자. 앞에서 인용한 자료.
24) 같은 저자. 앞에서 인용한 자료.
25) 리타 레비-몬탈치니(Rita Levi-Montalcini). 1987(2013). 『불완전함을 찬양하며

(*Elogio dell'imperfezione*)』. Baldi ni&Castoldi.

26) 프랑수아 자콥(François Jacob). 1977.「진화와 수선(Evolution and Tinkering)」.『사이언스(*Science*)』. 제196권 4295호 중(pp. 1161-1166.) 참조.

27) 헨리 지(Henry Gee). 2013.『우연한 종(*The Accidental Species*)』. University of Chicago Press.

28) 에밀리아노 브루네르(Emiliano Bruner). 2018,『두개골 너머의 마음: 인지고고학적 관점에서(*La mente oltre il cranio: Prospettive di archeologia cognitiva*)』. Carocci.

29) 게리 마커스(Gary Marcus). 2008.『뒤엉킨: 인간 마음의 우연한 진화(*Kluge: The Haphazard Evolution of the Human Mind*)』. Mariner Books. 국역본『클루지: 생각의 역사를 뒤집는 기막힌 발견』(갤리온, 2008) 참조.

30) 리타 레비-몬탈치니(Rita Levi-Montalcini). 1987(2013),『불완전함을 찬양하며(*Elogio dell'imperfezione*)』. Baldi ni&Castoldi.

31) 프랑수아 자콥(François Jacob). 1977.「진화와 수선(Evolution and Tinkering)」.『사이언스(*Science*)』. 제196권 4295호 중(pp. 1161-1166.) 참조.

32) L. L. 카발리-스포르차(L. L. Cavalli Sforza, (2010),『우월한 종(*La specie prepotente*)』. Editrice San Raffaele. ; 이안 테터솔(Ian Tattersall). 2012.『행성의 주인: 인간의 기원을 찾아서(*Masters of the Planet: The Search for Our Human Origins*)』. Griffin.

33) 리타 레비-몬탈치니(Rita Levi-Montalcini). 1987(2013),『불완전함을 찬양하며(*Elogio dell'imperfezione*)』. Baldi ni&Castoldi.

34) 새뮤얼 보울스(Samuel Bowles). 2008.「인간됨: 충돌: 이타주의의 산파(Being Human: Conflict: Altruism's Midwife)」.『네이처(*Nature*)』, 제456권 7220호 중(pp. 326327.) 참조.35) 제니퍼 T. 쿠보타(Jennifer T. Kubota), 마자린 R. 바나지(Mahzarin R. Banaji), 엘리자베스 A. 펠프스(Elizabeth A. Phelps). 2012.「인종의 신경과학(The Neuroscience of Race)」.『네이처 뉴로사이언스(*Nature Neuroscience*)』, 제15군 7호 중(pp. 940948.) 참조.

36) L. L. 카발리-스포르차(L. L. Cavalli Sforza), 2010,『우월한 종(*La specie prepotente*)』. L. L. 카발리-스포르차(L. L. Cavalli Sforza), 프란체스코 카발리-스포르차(Francesco Cavalli-Sforza). 1995.『거대한 인류의 대이동(*The Great Human Diasporas*)』 AddisonWesley. ; L. L. 카발리-스포르차. 2000.『유

전자, 사람들, 그리고 언어(*Genes, Peoples, and Languages*)』. University of California Press. ; L. L. 카발리-스포르차, 다니엘라 파도안(Daniela Padoan), 2013, 『인종차별과 우리중심주의(*Razzismo e noismo*)』. Einaudi.

37) 로빈 윌리엄스(Robyn Williams). 2006. 『지적이지 않은 설계: 신이 자신이 생각하는 만큼 똑똑하지 않은 이유 않은 이유(*Unintelligent Design: Why God Isn't as Smart as She Thinks She Is*)』. Allen and Unwin. ; 매튜 D. 리버먼(Matthew D. Lieberman). 2013. 『사회적: 우리의 뇌가 연결을 추구하는 이유(*Social: Why Our Brains Are Wired to Connect*)』. Crown.

38) 앙드레 르루아구랑(André Leroi-Gourhan). 1964(1993). 『행위와 말(*Gesture and Speech*)』. MIT Press. 국역본 『행위와 말』(연세대학교 대학출판문화원, 2015) 참조.

39) L. L. 카발리-스포르차(L. L. Cavalli Sforza). 2010. 『문화의 진화(*L'evoluzione della cultura*)』. Codice Edizioni.

40) 윌리엄 브라이언 아서(William Brian Arthur). 2009. 『기술의 본질(*The Nature of Technology*)』. Free Press. ; 케빈 켈리(Kevin Kelly). 2010. 『기술이 원하는 것(*What Technology Wants*)』. Penguin Books.

41) L. 데 비아세(L. De Biase), T. 피에바니(T. Pievani). 2016, 『우리는 어떻게 될까: 기술적으로 수정된 인류 이야기(*Come saremo: Storie di umanità tecnologicamente modificata*)』. Codice Edizioni.

42) 잔프랑코 파키오니(Gianfranco Pacchioni). 『마지막 사피엔스: 우리 종의 종말을 향한 여정(*L'ultimo sapiens: il Mulino, Bologna*)』. il Mulino.

43) 엘리자베스 콜버트(Elizabeth Kolbert). 2014. 『여섯 번째 대멸종: 자연스럽지 않은 역사(*The Sixth Extinction: An Unnatural History*)』. Henry Holt and Company. 국역본 『여섯 번째 대멸종』(쌤앤파커스, 2022) 참조. ; 에드워드 O. 윌슨 Edward O. Wilson. 2016. 『지구의 절반: 생명을 위한 지구의 싸움(*HalfEarth: Our Planet's Fight for Life*)』. Liveright. 국역본 『지구의 절반: 생명의 터전을 지키기 위한 제안』(사이언스북스, 2017) 참조.

44) 미셸 드 몽테뉴(Michel de Montaigne). 1588. 『에세(*Les Essais*)』. 『수상록』이라는 제목으로 다양한 국역본이 출간돼 있으므로 참조할 것.

45) 리타 레비-몬탈치니(Rita Levi-Montalcini). 1987(2013), 『불완전함을 찬양하며(*Elogio dell'imperfezione*)』. Baldi ni&Castoldi.

46) 제레드 다이아몬드(Jared Diamond). 2005.『붕괴: 사회가 성공 또는 실패를 선택하는 방법(*Collapse: How Societies Choose to Fail or Succeed*)』. Viking Press. 국역본『문명의 붕괴』(김영사, 2005) 참조.

47) 카를로 M. 치폴라(Carlo M. Cipolla). 1988.『빠르지만 너무 빠르지 않게(*Alllegro ma non troppo*)』. il Mulino. 국역본『인간의 어리석음에 관한 법칙』(미지북스, 2019) 참조.

48) 파브리치오 칼차바리니(Fabrizio Calzavarini). 2018.「의도적 시스템 이론과 합리성(Teoria dei sistemi intenzionali e razionalità)」.『리비스타 디 필로소피아(*Rivista di Filosofia*)』. 제109권 3호.

49) 프리모 레비(Primo Levi). 1971,『형태의 결함(*Vizio di forma*)』. Einaudi.

50) 프리모 레비(Primo Levi). 1985,『타인의 직업(*L'altrui mestiere*)』. Einaudi.

51) 스티븐 J. 굴드(Stephen J. Gould). 1985.『플라밍고의 미소: 자연사에 관한 고찰(*The Flamingo's Smile: Reflections in Natural History*)』. W. W. Norton and Company. ; 스티븐 J. 굴드. 1989.『멋진 생명: 버지스 셰일과 역사의 본질(*Wonderful Life: The Burgess Shale and the Nature of History*)』. W. W. Norton and Company.

52) 카를로 로벨리(Carlo Rovelli). 2017,『시간의 질서(*L'ordine del tempo*)』. Adelphi. 국역본『시간은 흐르지 않는다: 우리의 직관 너머 물리학의 눈으로 본 우주의 시간』(쌤앤파커스, 2019) 참조.

53) 피터 고프리스미스(Peter GodfreySmith). 2016.『다른 마음들: 문어, 바다, 그리고 의식의 깊은 기원(*Other Minds: The Octopus, the Sea, and the Deep Origins of Consciousness*)』. HarperCollins. 국역본『아더 마인즈: 문어, 바다, 그리고 의식의 기원』(이김, 2019) 참조.

불완전한 존재들

1판 1쇄 2024년 4월 1일

지은이 텔모 피에바니
옮긴이 김숲
펴낸이 김형필
디자인 희림
펴낸곳 북인어박스
주소 경기도 하남시 미사대로 540 (덕풍동) 한강미사2차 A동 A-328호
등록 2021년 3월 16일 제2021-000015호
전화 031) 5175-8044
팩스 0303-3444-3260
이메일 bookinabox21@gmail.com

책값은 뒤표지에 있습니다.
ISBN 979-11-985632-2-4 03470

북인어박스는 인생의 무기가 되는 책, 인생의 지혜가 되는 책을 만듭니다.
출간 문의는 이메일로 받습니다.